"十四五"时期
国家重点出版物
出版专项规划项目

新时代公园城市建设探索与实践系列丛书

公园城市

指引的多要素协同城市生态修复

田永英
孙艳芝

主编

U0391579

中国城市出版社

新时代公园城市建设探索与实践系列丛书编委会

吴　杰　吴　剑　吴克军　吴锦华　言　华
张清彦　陈　艳　林志斌　欧阳底梅　周建华
赵御龙　饶　毅　袁　琳　袁旸洋　徐　剑
郭建梅　梁健超　董　彬　蒋凌燕　韩　笑
傅　晗　强　健　瞿　志

组织编写单位：中国城市建设研究院有限公司
　　　　　　　中国风景园林学会
　　　　　　　中国公园协会

本书编委会

主　　编：田永英　孙艳芝

副 主 编：王香春　李旭冉　杨　龙

参编人员：秦　飞　张　峰　石春力　王志强　郭建梅　蔡文婷

张　敏　储杨阳　周　媛　王嗣禹　贾绿媛　丁　鸽

王文奎　吴克军　彭昭良　孙　雯　于伯文　陶　亮

赵　璇　蔺　莎　杨　赛　祁有祥　甘　露　王　尧

张晨晖

丛书序

2018 年 2 月，习近平总书记视察天府新区时强调"要突出公园城市特点，把生态价值考虑进去"；2020 年 1 月，习近平总书记主持召开中央财经委员会第六次会议，对推动成渝地区双城经济圈建设作出重大战略部署，明确提出"建设践行新发展理念的公园城市"；2022 年 1 月，国务院批复同意成都建设践行新发展理念的公园城市示范区；2022 年 3 月，国家发展和改革委员会、自然资源部、住房和城乡建设部发布《成都建设践行新发展理念的公园城市示范区总体方案》。

"公园城市"实际上是一个广义的城市空间新概念，是缩小了的山水自然与城市、人的有机融合与和谐共生，它包含了多个一级学科的知识和多空间尺度多专业领域的规划建设与治理经验。涉及的学科包括城乡规划，建筑学、园林学、生态学、农业学、经济学、社会学、心理学等等，这些学科的知识交织汇聚在城市公园之内，交汇在城市与公园的互相融合渗透的生命共同体内。"公园城市"的内涵是什么？可概括为人居、低碳、人文。从本质而言，公园城市是城市发展的终极目标，整个城市就是一个大公园。因此，公园城市的内涵也就是园林的内涵。"公园城市"理念是中华民族为世界提供的城市发展中国范式，这其中包含了"师法自然、天人合一"的中国园林哲学思想。对市民群众而言园林是"看得见山，望得见水，记得起乡愁"的一种空间载体，只有这么去理解园林、去理解公园城市，才能规划设计建设好"公园城市"。

有古籍记载说"园莫大于天地"，就是说园林是天地的缩小版；"画莫好于造物"，画家的绘画技能再好，也只是拷贝了自然和山水之美，只有敬畏自然，才能与自然和谐相处。"公园城市"就是要用中国人的智慧处理好人类与大自然、人与城市以及蓝（水体）绿（公园等绿色空间）灰（建筑、道路、桥梁等硬质设施）之间的关系，最终实现"人（人类）、城（城市）、园（大自然）"三元互动平衡、"蓝绿灰"阴阳互补、刚柔并济、和谐共生，实现山、水、林、田、湖、草、沙、居生命共同体世世代代、永续发展。

"公园城市"理念提出之后，各地积极响应，成都、咸宁等城市先行开展公园城市建设实践探索，四川、湖北、广西、上海、深圳、青岛等诸多省、区、市将公园城市建设纳入"十四五"战略规划统筹考虑，并开展公园城市总体规划、公园体系专项规划、"十五分钟"生活服务圈等顶层设计和试点建设部署。不少的专家学者、科研院所以及学术团体都积极开展公园城市理论、标准、技术等方面的探索研究，可谓百花齐放、百家争鸣。

"新时代公园城市建设探索与实践系列丛书"以理论研究与实践案例相结合的形式阐述公园城市建设的理念逻辑、基本原则、主要内容以及实施路径，以理论为基础，以标准为行动指引，以各相关领域专业技术研发与实践应用为落地支撑，以典型案例剖析为示范展示，形成了"理论＋标准＋技术＋实践"的完整体系，可引导公园城市的规划者、建设者、管理者贯彻落实生态文明理念，切实践行以人为本、绿色发展、绿色生活，量力而行、久久为功，切实打造"人、城、园（大自然）"和谐共生的美好家园。

人民城市人民建，人民城市为人民。愿我们每个人都能理解、践行公园城市理念，积极参与公园城市规划、建设、治理方方面面，共同努力建设人与自然和谐共生的美丽城市。

国际欧亚科学院院士
住房和城乡建设部原副部长

丛书前言

  习近平总书记 2018 年在视察成都天府新区时提出"公园城市"理念。为深入贯彻国家生态文明发展战略和新发展理念，落实习近平总书记公园城市理念，成都市率先示范，湖北咸宁、江苏扬州等城市都在积极探索，湖北、广西、上海、深圳、青岛等省、区、市都在积极探索，并将公园城市建设作为推动城市高质量发展的重要抓手。"公园城市"作为新事物和行业热点，虽然与"生态园林城市""绿色城市"等有共同之处，但又存在本质不同。如何正确把握习近平总书记所提"公园城市"理念的核心内涵、公园城市的本质特征，如何细化和分解公园城市建设的重点内容，如何因地制宜地规范有序推进公园城市建设等，是各地城市推动公园城市建设首先关心、也是特别关注的。为此，中国城市建设研究院有限公司作为"城乡生态文明建设综合服务商"，由其城乡生态文明研究院王香春院长牵头的团队率先联合北京林业大学、中国城市规划设计研究院、四川省城乡建设研究院、成都市公园城市建设发展研究院、咸宁市国土空间规划研究院等单位，开展了习近平生态文明思想及其发展演变、公园城市指标体系的国际经验与趋势、国内城市公园城市建设实践探索、公园城市建设实施路径等系列专题研究，并编制发布了全国首部公园城市相关地方标准《公园城市建设指南》DB42/T 1520—2019 和首部团体标准《公园城市评价标准》T/CHSLA 50008—2021，创造提出了"人-城-园"三元互动平衡理论，明确了公园城市的四大突出特征：美丽的公园形态与空间格局；"公"字当先，公共资源、公共服务、公共福利全民均衡共享；人与自然、社会和谐共生共荣；以居民满足感和幸福感提升为使命方向，着力提供安全舒适、健康便利的绿色公共服务。

  在此基础上，中国城市建设研究院有限公司联合中国风景园林学会、中国公园协会共同组织、率先发起"新时代公园城市建设探索与实践系列丛书"（以下简称"丛书"）的编写工作，并邀请住房和城乡建设部科技与产业化发展中心（住房和城乡建设部住宅产业化促进中心）、中国城市规划设计研究院、中国城市出版社、北京市公园管理中心、上海市公园管理中心、东南大学、成都市公园城市建设发展研究院、北京市园林绿化科学研究院等多家单位以及权威专家组成丛书编写工作组共同编写。

这套丛书以生态文明思想为指导，践行习近平总书记"公园城市"理念，响应国家战略，瞄准人民需求，强化专业协同，以指导各地公园城市建设实践干什么、怎么干、如何干得好为编制初衷，力争"既能让市长、县长、局长看得懂，也能让队长、班长、组长知道怎么干"，着力突出可读性、实用性和前瞻指引性，重点回答了公园城市"是什么"、要建成公园城市需要"做什么"和"怎么做"等问题。目前本丛书已入选国家新闻出版署"十四五"时期国家重点出版物出版专项规划项目。

丛书编写作为央企领衔、国家级风景园林行业学协会通力协作的自发性公益行为，得到了相关主管部门、各级风景园林行业学协会及其成员单位、各地公园城市建设相关领域专家学者的大力支持与积极参与，汇聚了各地先行先试取得的成功实践经验、专家们多年实践积累的经验和全球视野的学习分享，为国内的城市建设管理者们提供了公园城市建设智库，以期让城市决策者、城市规划建设者、城市开发运营商等能够从中得到可借鉴、能落地的经验，推动和呼吁政府、社会、企业和老百姓对公园城市理念的认可和建设的参与，切实指导各地因地制宜、循序渐进开展公园城市建设实践，满足人民对美好生活和优美生态环境日益增长的需求。

丛书首批发布共 14 本，历时 3 年精心编写完成，以理论为基础，以标准为纲领，以各领域相关专业技术研究为支撑，以实践案例为鲜活说明。围绕生态环境优美、人居环境美好、城市绿色发展等公园城市重点建设目标与内容，以通俗、生动、形象的语言介绍公园城市建设的实施路径与优秀经验，具有典型性、示范性和实践操作指引性。丛书已完成的分册包括《公园城市理论研究》《公园城市建设标准研究》《公园城市建设中的公园体系规划与建设》《公园城市建设中的公园文化演替》《公园城市建设中的公园品质提升》《公园城市建设中的公园精细化管理》《公园城市导向下的绿色空间竖向拓展》《公园城市导向下的绿道规划与建设》《公园城市导向下的海绵城市规划设计与实践》《公园城市指引的多要素协同城市生态修复》《公园城市导向下的采煤沉陷区生态修复》《公园城市导向下的城市采石宕口生态修复》《公园城市建设中的动物多样性保护与恢复提升》和《公园城市建设实践探索——以成都市为例》。

丛书将秉承开放性原则，随着公园城市探索与各地建设实践的不断深入，将围绕社会和谐共治、城市绿色发展、城市特色鲜明、城市安全韧性等公园城市建设内容不断丰富其内容，因此诚挚欢迎更多的专家学者、实践探索者加入到丛书编写行列中来，众智众力助推各地打造"人、城、园"和谐共融、天蓝地绿水清的美丽家园，实现高质量发展。

前　言

　　为贯彻落实《中共中央国务院关于加快推进生态文明建设的意见》《中共中央国务院关于进一步加强城市规划建设管理工作的若干意见》要求，2017年住房和城乡建设部印发了《关于加强生态修复城市修补工作的指导意见》（建规〔2017〕59号），安排部署在全国全面开展生态修复、城市修补（以下简称"城市双修"）试点工作。2018年2月，习近平总书记在成都天府新区视察时提出"要突出公园城市特点，把生态价值考虑进去"的公园城市规划建设新理念，体现了党和国家对高质量可持续发展的城市建设战略考量，为城市双修提出了指引和方向遵循。

　　为深入贯彻国家生态文明发展战略、切实践行公园城市理念，中国城市建设研究院有限公司、住房和城乡建设部科技与产业化发展中心联合徐州市徐派园林研究院、芷兰生态环境建设有限公司、易草（北京）生态环境有限公司和中国城市规划设计研究院，以践行习近平总书记视察徐州时强调的"只有恢复绿水青山，才能使绿水青山变成金山银山"为宗旨目标，围绕城市生态修复中"恢复绿水青山""变成金山银山"两大关键环节，组织开展了《多目标多要素协同的城市生态修复关键技术研究与应用》课题研究，基于构建"人、城、园"三元互动平衡、和谐共生公园城市的目标指引，以城市生态系统修复为研究对象，针对城市生态系统多样性、复杂性和人为干扰严重且持续的脆弱性，围绕城市高质量发展的多元化目标，系统研究了城市生态修复基础理论、生态评估与空间识别技术方法，以及山体、水体、废弃地和绿地系统4类典型城市生态修复和生态系统功能提升技术集成，构建了城市生态修复标准体系，研究探索了生态修复与城市高质量发展耦合关系，创新提出多种"生态修复+"模式，并进行工程应用探索，践行"人与天调、天人合一"的中国传统哲学思想，形成了具有中国特色、凸现中国智慧的城市生态修复路线策略和技术体系。项目成果在北京、山西（晋城、吕梁）、上海、江苏（南京、徐州、南通、沛县）、浙江（永康、诸暨）、安徽（淮北、淮南）、福建（福州、厦门）、山东（东营）、河南（郑州、驻马店、安阳、许昌、鹤壁）、湖北（武汉、咸宁）、广东（广州）、广西（南宁）、重庆等全国 27 个省（区、市）81 个城市和广州海珠湿地修复、湖南省益阳市赫山区泥江口镇宏安矿业南矿坝区生态修复等 130 多个生态修复工程项目中得以应用，为城市生态修复政策标准制定和修复工程实践提供技术支撑，解决了城市生态环境恶化、生态空间受损与破碎、生态系统功能退化、生态产品供给不足、人地矛盾日益突出等系列问题，推动了城市生态修复工作规范化、专业化和标准化水平的提升，工作成果荣获"2021 年华夏建设科学技术奖一等奖""中国风景园林学会科学技术奖一等奖"。

本书《公园城市指引的多要素协同城市生态修复》共分五章：第 1 章概述，总结梳理了生态修复理论基础、政策法规与标准规范，并分析了历史理论与实践经验特征和生态修复发展趋势，同时，提出公园城市目标下生态修复的遵循理念、基本原则和现实意义；第 2 章体系顶层设计，以生态评估、专项规划、规划实施和综合评价的生态修复序列，阐述了城市开展生态修复的工作流程和要求；第 3 章工程关键技术，从山体、水体、废弃地、绿地系统四大生态修复类别归纳城市生态修复的关键技术与方法；第 4 章"生态修复+"模式，围绕服务生态美好、服务生活幸福和服务生产高效三大类型，详细介绍了"生态修复+生态涵养""生态修复+植物多样性和景观多样性展示""生态修复+安全韧性""生态修复+生物多样性保护""生态修复+城市更新""生态修复+景观营造""生态修复+科普教育""生态修复+绿网编织""生态修复+绿色矿山""生态修复+文化旅游""生态修复+文化旅游""生态修复+特殊场地配套开发"等 12 个生态修复案例；第 5 章探索与展望，归纳了生态修复与公园城市建设之间的逻辑关系，并对公园城市指引的多要素协同城市生态修复进行了前瞻性展望。

在项目研究和本书编写过程中，中国风景园林学会、中国公园协会、徐州市住房和城乡建设局等诸多单位给予大力支持。中国建筑工业出版社的编辑们就本书出版做了大量细致的工作。在此，特表示衷心的感谢。

城市生态修复内涵丰富，涉及复杂的科学、技术乃至艺术文化问题，限于编著者能力，书中难免存在疏漏和欠妥之处，敬请读者批评指正。

目　录

第3章 城市生态修复工程关键技术

第 4 章　"生态修复 +"模式

第5章　探索与展望

第 1 章

概述

城市生态系统是一个受人类活动持续且强烈干扰的人工与自然相结合的复合系统，具有多样性、脆弱性和复杂性。快速的城镇化进程使城市建设水平显著提升，但伴随而生的是环境污染、人地矛盾、生态空间完整性和系统性遭到破坏、生物多样性水平下降、生态系统服务功能退化等突出问题，已成为经济社会可持续发展的制约因素。因此，在新形势下，为响应城市高质量可持续发展新范式"公园城市"，实现城市绿色、高质量、可持续发展，城市生态保护与修复势在必行。

1.1   国内外城市生态修复现状与实践探索

在人类社会文明进步过程中，工业化、城市化和全球化相继出现并不断深化，依河造城、开荒造田、河湖改建、资源开发等人类行为一直影响着生态环境，随着气候变化的加剧，世界各国都在重新审视人与自然、生态环境保护与经济社会发展的关系，生态修复已成为国内外城市解决生态问题、促进人与自然关系和谐发展的重要途径。

1.1.1   国外典型城市生态修复实践

生态、绿色、低碳化的城市发展是缓解生态环境恶化、应对气候变化等问题的重要途径，许多国家都把生态城市建设作为公共政策来推动和引导城市发展。瑞典首都斯德哥尔摩城区东南部的哈马碧城，曾经垃圾遍地，污水横流，土壤遭受严重的工业废物污染，通过生态修复与综合治理，将环保、可持续理念融入城市发展中，改变了城市面貌、激发了城市活力，成为全球可持续发展的典范。日本长期重视生态治理，并持续推动环境立法、加大财政投入、提升环保技术、实施环境教育策略等，已形成了比较成熟且行之有效的环境治理体系。美国从最初以经济发展为目的，不惜牺牲生态环境到工业、生活污染治理，再到如今生态环境保护力度领先世界大多数国家，环境治理和生态修复走在世界前列。世界各国都积极探索采用各种修复治理手段保护及恢复城市的生态环境，实现城市生态系统正常运转。

各国在长期城市生态建设与环境治理过程中，涌现了诸多可借鉴的生态修复成功案例。韩国的清溪川生态修复治理，通过截流污水、水源补给、防渗设计等生态治理技术解决了河道的水体污染问题，利用强调亲水性、强化堤岸空间的利用、缓和堤岸坡度等手段加强滨水空间的游憩功能，带动了周边地区的人气与城市活力。德国莱茵—鲁尔工业区的生态修复是工业废弃地修复与再利用的典范，通过完善基础设施建设，对传统的老矿区进行清理整顿，解决河流、大气污染问题，将工业区废弃厂房改造成景观用地，实现厂房的"博物馆式"改造，形成工业遗址、景观游览、科普教育、博物展览等于一体的多功能园区。美国纽约佩雷公园是完善绿地系统、解决人地矛盾的佳作，通过在高强度开发区中"见缝插针"建设口袋公园，以人性化尺度设计布置公园各类配套设施，打造了与环境融为一体、舒适美观、亲切的休憩空间。澳大利亚悉尼 BP 石油遗址公园是棕地修复的成功典范，新南威尔士政府使用低成本、低损害和低维护的建筑材料对威弗敦一带的工业场地进行修复，将其改造为一个具有工业风格的现代公园，既改善了生态环境，又为附近居民提供了环境优美的休闲娱乐场地。

通过对新加坡、英国、德国、美国、澳大利亚等国家典型生态修复案例的总结分析（表 1-1），其突出共性经验有三点：一是尊重自然规律，保护、修复与修复后开发利用相结合；二是重视生态网络构建和生态连通性；三是注重公众参与和统筹兼顾、多方协同。

1.1.2　国内典型城市生态修复重点

习近平总书记在 2015 年的中央城市工作会上特别强调要大力开展生态修复，让城市再现绿水青山。《多目标多要素协同的城市生态修复关键技术研究与应用》课题（以下简称"课题"）对全国代表性城市分类调研，结果显示各地对城市生态修复工作高度重视，都结合本地区、本城市实际进行了积极的探索（表 1-2），并取得了可推广的成功经验：

（1）编制专项规划，以规划为引领，因地制宜制定生态修复实施方案。

（2）建立健全机制体制，完善相关政策标准。

（3）注重综合修复与治理，构建生态网络体系，打造生态廊道，提升生态连通性，整体提升生态功能与景观品质。

（4）统筹蓝绿空间，积极推进海绵城市建设，开展试点示范工程。

（5）加强地域风貌特征保护与传承，注重增强老百姓的认同感和获得感。

1.1.3　城市生态修复政策建议

基于国内外城市生态修复现状调研和趋势分析，就全面系统推进城市生态修复建议如下：

国外生态问题与生态修复技术内容
表 1-1

地区	国家	城市	生态问题	生态修复技术与内容	生态修复经验
亚洲	新加坡	—	人口拥挤、水资源短缺、海水淡化成本高	（1）划定生态红线； （2）构建绿地网络系统； （3）统筹黑臭水体治理与公园建设	（1）纳入城市总体规划，构建绿地网络系统； （2）关注公众共享，提高可进入性，激发城市活力
	韩国	首尔	污泥、垃圾覆盖	（1）恢复河道； （2）延续文化脉络，打造城市名片	保护、修复与修复后开发利用相结合
欧洲	英国	伦敦	先污染后治理	（1）落实"城市景观规划设计准则"、采取分区保护； （2）滨水空间优化、景观提升、岸线生态化	保护与开发相结合
	法国	巴黎	水质恶化、生态功能退化	（1）引水工程； （2）景观提升； （3）沿岸打造艺术空间	（1）政府、学界、企业、个人等多方合作； （2）注重生态产品供给多样化
	德国	莱茵	工业污染	（1）污染场地修复； （2）完善环境管理和基础设施建设，重塑田园都市风光； （3）将整个矿区打造成"博物馆模式"	（1）调整产业结构，消除污染源； （2）场地修复与再利用相结合； （3）多维统筹、综合功能叠加
北美洲	美国	波士顿	复合污染	（1）流域生态修复综合管理 - 岸线生态化； （2）重构滩地湿地、鱼类栖息地营造； （3）沿河滨水公园建设	（1）修复与再利用相结合； （2）公众参与
		西雅图	工业废弃地	（1）工业垃圾合理利用； （2）保护并再利用场地表土； （3）挖掘工业艺术性，在场地设计中得以体现	（1）尊重历史文脉； （2）保护优先； （3）多要素、多维度统筹兼顾
		纽约	废弃的高架铁路	（1）尊重高线场地的自身特色； （2）场地与野生植被、道碴、钢铁和混凝土的融合	（1）尊重自然与历史特征； （2）多要素融合
		皮尔斯	开发区与保护区相互影响	建立生物多样性网络	（1）提升生态功能； （2）改善人居环境
大洋洲	澳大利亚	悉尼	工业场地废弃地	（1）就地取材、就近取材； （2）使用低成本、少损害和低维护的建设材料进行棕地修复	（1）保护优先、适度修复； （2）低扰动手段

中国不同地区城市生态修复重点 表1-2

分区	城市名称	生态修复重点
东北	大连	加强顶层设计；针对地区突出特点、实行海岛、海岸线生态修复，整体系统治理
华北	天津	蓝绿统筹，多要素综合治理
	晋中	点-面结合综合治理；利用生态修复后场地建设公园绿地
	呼和浩特	以沙坑景观改造为突破口，协同水体治理，带动城市整体形象提升
	迁安	城乡一体化，重视生态连通性；积极引入创新修复技术
华东	上海	滨水绿地规划与大型绿地修复改造，以生态修复项目带动城市治理与提升
	徐州	荒山复绿，废弃地与塌陷区修复，多要素统筹治理
	苏州	建立地质公园保护遗迹，彰显传统地域风貌特色
	丽水	分级构建农业绿色生产体系，依托既有优势品牌，丰富生态产品供给
	济南	山体生态修复以植被复绿、显山露水为重点；突出全生命周期理念，以修复再利用为目标进行生态治理与提升
	厦门	加强生态修复与国土空间规划的衔接，实施生态修复中重点打造具有地域特点的景观带，营造溪流生态滨水景观
	福州	山体、水体、废弃地、城市绿地系统生态修复统筹兼顾，突出自然与人文融合，构建城市绿网体系
	淮北	重点突出，多点开花——以采煤塌陷区为攻关方向，重点推进水体修复治理，协同推进城市山体修复与生态绿化景观提升
华中	武汉	紧密结合低碳发展、海绵城市、生态文明等国家政策，统筹推进城市格局"一环多珠"优化
	荆门	从基底-节点-网络-格局等不同层次进行分类修复；健全机制体制
	开封	利用多种适宜技术，构建城乡一体化生态网络
	常德	多部门协同；以生态修复为抓手加强城市防涝工程和生态景观建设
华南	三亚	分类实施山、海、河生态修复工程，提升城市生态系统功能
	珠海	修复水体打造国际海岸，从生态、环境等方面综合修复治理；完善政策法规与机制保障
	百色	推进"美丽右江"生态景观建设；加强水体修复，进行城市分段截污工程；推进山体生态修复

续表

分区	城市名称	生态修复重点
西北	西安	多类型生态修复统筹兼顾，实施综合治理；完善管理体制
	西宁	以城市风貌识别为基础开展生态修复，探索创新城市规划建设管理方式，推进城市生态服务功能提升
	乌鲁木齐	重视城市防护体系建设；以解决城市民生和城市安全问题为主要目标，突出水体修复和水资源治理与保护
西南	六盘水	强化生态敏感性评估，退耕还林与石漠化综合治理统筹推进，探索生态修复和扶贫开发相结合的可持续发展道路

1. 形成系统性、完整性的城市生态修复顶层设计

为提高城市生态修复工作的全局性，城市既要以"双修"补上历史欠账，又要在建设中不再增添"新账"，应在摸清生态本底并综合评估的基础上，编制相关专项规划，形成系统性、完整性的生态修复顶层设计。同时，加大城市生态修复专题研究力度，识别重点修复空间，明确城市生态功能定位和建设控制要求，将重要生态空间纳入国土空间规划的强制性内容。坚持保护优先，自然恢复为主，兼顾协调山、水、林、田、湖、草、沙等各生态要素，建立整体性修复技术思路，合理评估受损程度，保护和限制开发现存自然生态环境，修复被破坏的山体、河流、湿地、植被。科学制定城市生态修复实施计划，明确城市生态修复的工作重点，主要目标和具体要求等，选定重点修复工程，制定项目进度实施计划，加强工程项目系统管理，保障城市生态修复工作有序推进。

2. 建立城市生态修复长效工作机制，探索创新管理模式

目前国内大多数城市尚未建立完善城市生态修复工作的体制机制、管理制度、项目管控体系等，需要本着因地制宜、远近兼顾的原则，建立健全城市生态修复的长效机制，遵照城市生态修复专项规划指引，严格落实各项生态修复工作，包括建立健全城市生态修复组织管理机构和工作机制，探索城市生态修复财政补贴机制，创新引入市场机制，探索适用于城市山体、水体、废弃地及绿地系统四大类生态修复的生态修复补偿机制。

3. 加强技术研究，构建城市生态评估与修复标准体系

城市生态修复涉及整个城市层面的顶层设计与统筹安排，包含市域空间范围内的山、水、林、田、湖、草等诸多生态要素，又分为山体、水体、废弃地和绿地系统四大类不同类型的生态修复工程项目，要加强相关技术研究，构建包括城市生态评估和生态修复两大方面的标准体系，一方面引导城市规范实施生态本底调查、评估、规划、评价等一系列工作，另一方面规范各类生态修复工程项目实施流程、关键节点控制及技术要求，促进城市生态修复规范化、标准化和科学化。

4. 创新生态修复关键技术，加强先进技术推广应用

与西方发达国家相比，国内城市生态修复技术的研究进展相对缓慢，且先进技术的推广应用不够，应加强生态修复技术创新和先进技术推广应用。各级政府要加大投入力度，引导相关科研院所开展相关技术、产品研发，大力支持城市生态修复方面的技术创新研究。一是遴选、编制城市生态修复工程案例集，为各地提供参考借鉴。二是编制全国城市生态修复技术目录，加大城市生态修复技术产品推广力度，为城市生态修复提供技术和产品选择。三是集成生态修复相关适宜技术，结合工程项目实践研发实用型先进技术和环境材料等新产品，加强先进技术推广应用，提高生态修复综合效益。四是研究生态修复与城市高质量发展耦合关系，探索"生态修复 +"城市绿色发展模式。

5. 加大城市生态修复宣传和教育力度，组织技术培训

城市生态修复涉及面广，需要多方参与、多部门协调、多专业融合，要加大城市生态修复宣传和教育力度，建立良好的政府、媒体、企业与公众相结合的城市生态修复培训和推广机制；加强多媒体宣传，扩大影响力；结合不同层级不同类别需求，组织开展技术交流会，提升行业认知；组织技术培训班，增强意识和实施能力。

6. 鼓励和支持社会共同参与，广泛深入开展"共同缔造"活动

城市生态修复事关老百姓幸福感、获得感的满足与提升，事关城市高质量发展，要牢固树立以人民为中心的发展思想，尊重人民群众对相关工作的知情权、参与权、监督权，建立健全公共服务监管制度，逐步打开市场，广泛深入开展"美好环境与幸福生活共同缔造"活动，培养群众参与城市生态修复相关工作的积极性，引导和鼓励群众共建共享绿水青山，并努力把绿水青山变成金山银山。

1.2　国内外城市生态修复理论研究

　　国际生态修复学会（the Society for Ecological Restoration，简称 SER）提出，生态修复是人为辅助已退化、损害或彻底破坏的生态系统得到恢复、重建和改善的过程。生态修复的对象是受到人类活动干扰或损害的生态系统，通过生态系统的自组织、自调节能力以及适当的人为引导，目的是实现生态系统功能的恢复。通过总结国内外生态修复理论基础、政策法规与标准规范，分析生态修复历史实践经验特征和发展趋势，以更好地推进新时代生态修复工作高效开展。

1.2.1　生态修复理论演变

　　生态修复理论起源可追溯到 100 年前自然资源的利用和管理研究。早在 1863 年建成的法国巴黎 Buttes Chaumont 公园就是废弃采石场旧址生态修复的成功案例，在保持原有地形的同时改造脏乱的垃圾填埋场，通过土壤改良、植被群落重建，将其打造成优美的风景园林景观；20 世纪 50 年代，德国 Selferr 提出近自然河溪治理的概念；20 世纪 70 年代，日本等国家逐渐采用生态学相关理论开展生态修复研究，20 世纪 80 年代恢复生态学概念被英国学者 Aber 和 Jorba 提出，奠定了生态修复的理论基础。生态修复相关的理论研究的主要集中以下方面：

　　一是基于恢复生态学（Restoration Ecology）的生态修复研究，旨在研究生态系统退化原因、退化生态系统修复与重建技术方法等，包括自然生境的受损机理、生态系统受损功能和过程的恢复、重要环境因子 – 土壤稳定性和理化指标的恢复、植被恢复技术研究等。

　　二是基于景观生态学（Landscape Ecology）和风景园林学（Landscape Architecture）的生态修复研究，借鉴景观等级理论、生态系统稳定性原理、尺度效应等理论基础，研究生态修复过程中时空尺度、生态系统等级结构恢复、景观格局构建等问题。

　　三是基于可持续发展理论（Sustainable Development）的生态修复研究，

以公平性、持续性、共同性为三大基本原则，通过可持续发展评价体系的建立和评价指标的选择，确定生态修复可持续发展的实现途径和模式，实现受损生态系统功能、经济用途及景观价值的可持续性协同再生，最终达到区域内资源、土地、环境等要素的可持续利用和复兴。

1.2.2 生态修复法规政策与标准规范

随着生态修复成为应对全球气候变化和社会挑战的关键途径，生态修复相关的法律法规、政策以及标准规范不断得到完善，为高效规范推进生态修复工作提供了制度保障和技术指引。

1. 法规政策

（1）国外法规政策

国外针对污染场地与水体治理形成了较为完善的法规政策。在污染场地修复方面，美国确立了以《超级基金法》为首的场地修复立法典范，该法规定了"谁负责""怎样负责"以及"如何行动治理污染"，是一套相对完善的污染场地修复的法律，不仅在美国被广泛遵循，在国际污染场地修复管理方面也有重大影响。许多国家在一定程度上都参照《超级基金法》编制了本国相应法规。加拿大在环境保护方面出台了系列法规政策；日本的污染场地管理框架以《环境基本法》为基础，通过制定土壤污染防治法规，对农用地和城市用地土壤污染加以规制；欧盟引导建立综合性更强的固体废物治理指令。在水体治理方面，美国形成了集成－分散治理流域水环境的模式，既发挥部门与地区的自主性，又不失全流域的统筹与综合管理，出台了《清洁水法》《大湖区管理协议》等相关法规政策；英国颁布了《水资源法》《水法》及专项法律，构建了完善的水法体系，形成了"环境－经济－水环境－投资－效益"一体化的环境决策模型，强调排污者承担污染防治与损害成本；德国实行的《水资源管理法》，对城镇和企业的取水、水处理、用水和废水排放标准都有明确的规定，采取的治理措施包括规定自来水价格、征收生态税和污水排放费，以及对私营污水处理企业减税等，同时德国境内有多条跨境流域，与邻国合作也是德国进行水污染治理的手段，形成了"经济调节＋国际合作"的治理模式。国外生态修复法规政策突出了市场机制与计划手段的有效结合，注重统筹协调、一体化治理，强调了区域合作与公众参与。

（2）国内法规政策

2000 年以来，我国生态修复工作步伐加快，政策法规建设不断完善。其中，《住房城乡建设部关于加强生态修复城市修补工作的指导意见》（建规〔2017〕59 号）《城市生态评估与修复导则（试行）》等文件，直接采纳了课题创新提出的"城市生态修复"理论内涵。在地方上，山西、广西、海南、福建、山东、浙江、安徽、江苏等地出台的法规较多，且主要针对当地实际存在的问题而制定，北方地区关注较多的是草原、矿山的生态修复与大气治理，南方地区法规政策重点集中在流域治理、河湖水系修复等方面，尤其是沿海地区，出台了一系列海洋生物资源保护、海岸带修复、油污治理等政策文件。在时间尺度变化上，我国生态修复早期重点关注水资源利用、水利工程带来的生态问题治理，着眼于生态系统本身的恢复机制和生态过程，并未考虑其与城市环境之间的关系以及人本需求。后来，关注的领域大多集中在垃圾填埋场、园林绿化，与人们的生活息息相关，重点解决城市人居环境问题，生态修复与城市环境之间的关系日渐紧密。发展至今，生态修复更加强调大尺度、全要素生态系统的治理，修复的空间范围涉及城乡、流域、国土空间等全域范围，关注多要素协同的综合整治。生态修复法规政策重点从水系治理、园林绿化、矿山修复等单一因素修复，逐渐到重视"山水林田湖草沙"整体修复、土地综合整治、生态环境建设等多因素、多尺度、一体化的系统修复。

2. 标准规范研究

（1）国际标准

为规范指导全球生态修复项目的开发和实施，2016 年 SER 及其全球生态保护界的专家同行共同协商制定了《生态修复实践国际原则和标准》（以下简称《标准》），《标准》为生态修复项目实施提供了强有力的框架，包括有效设计和实施修复方案、解释复杂动态的生态系统，以及指导与土地管理优先事项、决策相关的权衡关系。《标准》通过在人、生物多样性、生态系统和气候之间建立健康和谐的关系，推行一种参照生态环境将生态系统恢复到适应本地的自然模式，从而推进生态修复的科学实践。同年，"基于自然的解决方案"（Nature-based Solution，以下简称 NbS）定义原则通过审核，随后，世界自然保护联盟（IUCN）起草了《NbS 全球标准 ™》，共8 项准则、28 项指标，用于指导 NbS 项目标准化实施，受到广泛认可并推广应用于不同领域。《NbS 全球标准 ™》在中国的应用潜力巨大，能够提

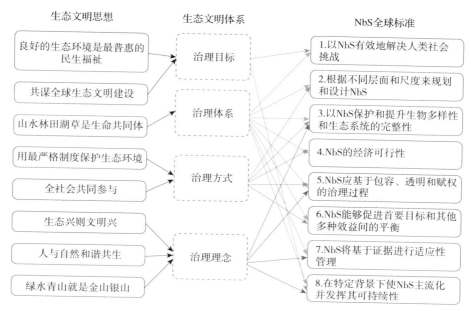

图 1-1　NbS 全球标准与中国生态文明理念的关系

供脆弱敏感区防灾减灾措施、助力长江黄河大保护和水源地保护、有效提高生物多样性等，在许多方面与中国生态文明思想和生态文明体系相对应（图 1-1）。因此，该标准有助于将生态文明理念转化为规划和设计项目的具体要求，从而在实践项目中更好地落实生态文明思想。此外，2019 年 3 月，联合国大会宣布了《2021~2030 联合国生态系统恢复十年》决议，旨在大规模恢复退化和破坏的生态系统，作为应对气候危机、保护水资源以及保护生物多样性的有效措施。一系列的全球性生态修复标准，从宏观视角提出生态修复重点，为破解人类面临的共同生态环境问题提出了解决措施。

（2）国内相关标准规范

2010~2022 年间，我国发布生态修复相关标准超过 100 项，包括国家、行业、地方和团体标准（图 1-2）。在国家标准层面，关注较多的是海洋生态修复的技术内容；行业标准涉及林业、能源和水利领域的居多，内容涵盖废弃地植被恢复、煤矸石山修复、河湖生态系统修复等。地方标准数量最多，覆盖内蒙古、河北、江苏、浙江、江西等 23 个省（区、市），北方地区多关注山体、草原的生态修复，南方主要关注流域、水生态治理，充分体现了南北地区生态问题的地域差异性。团体标准大多针对城市内部的生态问题，如矿山、黑臭水体、露天采石矿山、城市污水等，提出针对性的修复措施。

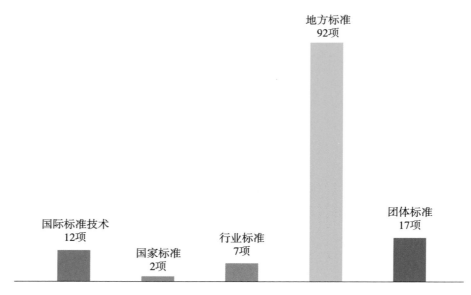

图 1-2　2010~2022 年生态修复标准发布情况

党的十八大以来，随着国土空间生态修复工作推进，各级财政和社会资金对生态保护与修复的投入不断加大，矿山生态修复、海洋生态修复、山水林田湖草保护与修复、土地综合整治等工程相继实施，亟需统一的标准体系予以规范、指导，避免不恰当的规划方案、资源配置或技术选择影响修复成果。相关标准的发布对提高国土空间整体保护、系统修复和综合治理的法制化和科学化水平，以及准确评判生态修复工作质量具有重要意义。

1.2.3　城市生态修复理论创新与技术集成

基于生态修复理论基础与国内外实践经验特征研究，课题提出了城市生态修复内涵与生态修复重点；根据不同地区城市生态修复项目实践探索研究与总结，构建城市生态修复标准体系与技术体系，指导城市、项目等不同尺度的生态修复工作；以终为始，基于修复后安全再利用目标指引，探索构建因地制宜的"生态修复 +"模式，促进城市高质量可持续发展。

1. 明确城市生态修复内涵

城市生态修复是在加强城市自然生态资源保护的基础上，采取自然恢复为主、与人工修复相结合的方法，优化城市绿地系统等生态空间布局，

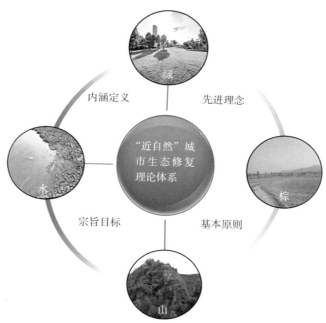

图1-3 城市生态修复理论体系

修复城市中被破坏且不能自我恢复的山体、水体、植被等，修复和再利用城市废弃地，实现城市生态系统净化环境、调节气候与水文、维护生物多样性等功能，促进人与自然和谐共生的城市建设方式，概念内涵丰富了"近自然"生态修复理论基础（图1-3）。

针对城市生态问题与生态空间特征，城市生态修复内容主要包括山体修复、水体修复、废弃地修复和城市绿地系统提升。山体修复主要包括道路边坡、矿山废弃地、城区破损山体中的采石坑、凌空面、不稳定山体边坡、废石（土）堆、水土流失的沟谷和台塬等破损裸露山体的修复；水体修复主要包括河流、湖泊、湿地、地下水等水体的修复；废弃地修复是指对因采矿、工业和建设活动挖损、塌陷、压占（生活垃圾和建筑废料压占）、污染及自然灾害毁损等原因而造成的废弃地的修复；绿地系统提升主要包括绿地系统完善、绿色空间拓展、绿地品质提升等内容。

2. 构建生态修复标准体系

城市生态修复工作面临生态要素多、技术难度高、协调难度大等问题，为科学应对，亟需研究构建统筹"山水林田湖草"一体化保护与修复的标准体系。研究制定各类生态要素的生态修复技术标准，构建形成完整的标准体系是当前生态文明建设、国土空间生态修复的基础工作和主要任务，是实现自然资源整体保护的重要途径，是推动国土空间统一生态保护修复、夯实生态保护修复科学化监管体系的重要内容。

基于生态修复理论研究基础与实践积累，以公园城市建设目标为指引，课题构建了涵盖"城市–工程"两个不同层级的城市生态修复标准体系，包含"山、水、棕、绿"四大生态修复类别，详见图1–4。基于标准体系，研究制定了指导城市层级生态修复的《城市生态评估与生态修复标准》T/CHSLA 10003—2020，明确了城市生态修复的核心理念、基本原则、技术路线、技术要点以及工作层面的内容与要求，规范顶层设计与宏观引领；同时，以采石宕口和黄淮海平原采煤沉陷地两类典型生态问题为重点，编制工程技术层级的专项标准《采石宕口生态修复技术标准》T/CHSLA 50003—2018 和《黄淮海平原采煤沉陷区生态修复技术标准》T/CHSLA 50002—2018。

3. 研究形成生态修复技术体系

课题从城市和工程项目两个层面构建多要素协同的生态修复技术体系（图1-5），即城市层面构建"摸底评估—空间识别—生态修复专项规划—分类生态修复实施—修复成效评价"的全流程技术闭环；工程项目层面构建了"安全隐患防治—地形地貌重塑与土壤重构—植被恢复与群落构建—景观提

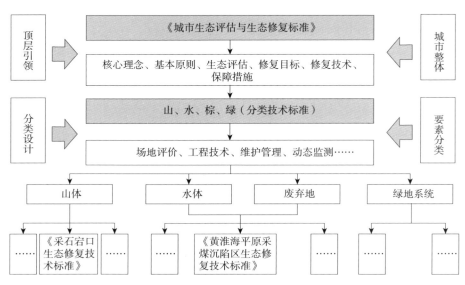

图 1-4　城市生态修复技术标准体系

升等安全再利用—运营维护 + 监测评估"的城市生态修复适宜技术体系，科学有效地支撑公园城市生态本底评估，对山、水、林、田、湖、草等生态要素进行生态修复，推动不同空间尺度城市生态修复的规范高效实施。

在城市总体层面，统筹整体和局部、保护和修复关系，以城市生态系统为对象，研究城市范围内的山体、河流、湿地、绿地、林地等多要素生态评估方法和评价指标体系；集成 3S 技术、物种分布模型、水文模型等多领域多学科技术，构建公园城市目标下多要素协同的生态安全格局；基于生态安全格局识别与构建，合理制定生态修复实施时间进度与空间梯度，确定城市生态修复项目库和修复优先级。

在工程项目层面，为解决受损山体突出存在的困难立地、保水保肥难等问题，课题重点研究 TSP 矿山修复集成技术，研发双网植生棒生态护坡、边坡测定装置、贮水锚杆、植生板边坡植被恢复、肥力岛构造边坡修复等山体生态修复技术；水体生态修复应着力解决水体修复功能目标单一等问题，研发折流式跌水人工生态湿地、可净化水质的鸟类栖息装置，强化微生物复合填料治理黑臭水体等经济合理、切实可行的技术措施，恢复水体自然形态，改善水环境与水质，提升水生态系统功能；在确保生态安全前提下，城市棕地生态修复需兼顾景观打造和有效再利用，修复技术有植物纤维毯技术、近自然植物群落构建技术等；针对城市人地矛盾突出、绿地

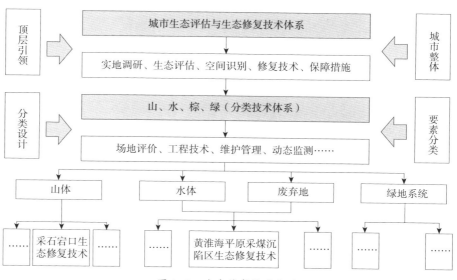

图 1-5 生态修复技术体系

综合效益低等问题，研究轻质屋顶、植物墙等多项立体绿化技术，广泛应用于城市绿地系统功能完善提升中。

4. 因地制宜、以终为始，探索"生态修复+"模式

在生态文明建设和城乡融合发展背景下，不仅要通过生态修复改善水、土壤等环境污染问题、提升生态系统功能，还要通过修复后安全再利用变废为宝，增加土地供给，丰富生态产品，保护生物多样性，推动城市绿色转型和城乡高质量发展。同时，城市高质量可持续发展对生态修复的顶层设计、规划实施、技术改进等要求更高，以满足人和城市更高层次的需求，两者如此双向耦合，促进螺旋式上升发展，最终实现生态美好、生活幸福、生产高效的目标（图1-6）。

城市生态修复以修复生态本底、改善生态环境质量、提升生态系统功能为基础，筑牢城市绿色本底，为老百姓提供丰富多样的优质生态产

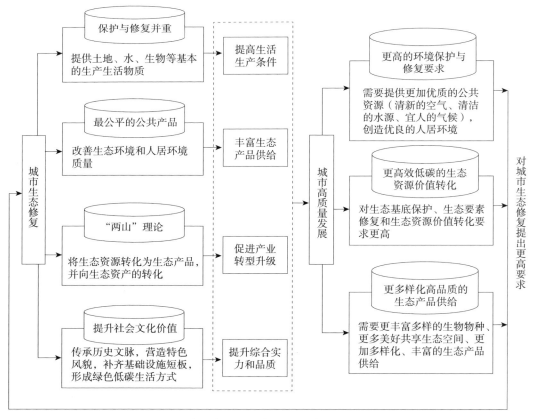

图1-6　生态修复与城市高质量可持续发展耦合机理

品，并以"生态修复 +"模式创新为支撑促进城市产业发展、以地域特色为载体提升市功能品质和品牌形象。因此，城市生态修复要因地制宜、以终为始，在编制生态修复专项规划阶段就要瞄准生态修复后的安全再利用目标，以满足人的需求和城市发展，充分利用生态资源，挖掘并传承当地农耕文化，进行功能植入和产业转型，创新"生态修复 +"模式。总结凝练各地城市"山、水、棕、绿"四大类别生态修复探索实践，提出 3 类"生态修复 +"创新模式：

（1）服务于生态美好的生态修复安全再利用模式，包括"生态修复 + 生态涵养""生态修复 + 植物多样性和景观多样性展示""生态修复 + 安全韧性""生态修复 + 生物多样性保护"等；

（2）服务于生活幸福的生态修复安全再利用模式，包括"生态修复 + 城市更新""生态修复 + 绿网编织""生态修复 + 景观营造""生态修复 + 科普教育"等；

（3）服务于生产高效的生态修复安全再利用模式，包括"生态修复 + 绿色矿山""生态修复 + 文化旅游""生态修复 + 文化旅游"和"生态修复 + 特殊场地配套开发"。

1.3　公园城市目标下多要素协同的城市生态修复

绿色高质量发展对各行各业都提出了新要求，公园城市建设是新时代新形势下实现新目标的内在需求，是全面体现新发展理念的城市发展高级形态，终极目标就是要实现人、城、园三元互动与平衡、和谐共生、永续发展。公园城市是集生态性、景观性、功能性、文化性、普惠性于一体的宜居、宜业、宜学、宜养、宜游的美丽家园，是新时代生态文明思想下的城市建设新模式。公园城市建设的逻辑起点是"人"，突出人本与公平公正，但公园城市建设重点在"园"，即生态的保护、修复和建设，也就是说生态良好是建设公园城市的基础和前提，有了绿水青山才能有金山银山，只有恢复了绿水青山才能把绿水青山变成金山银山。因此，在公园城市建设目标导向下，实施生态修复必须协同山、水、林、田、湖、草和居（人居），系统修复城市中被破坏的各类生态要素，以锚固生态基底、优化城市绿地系统等生态空间布局，从而改善城市生态环境、提升城市生态功能、丰富生态产品供给、促进生产绿色转型，最终实现生态—生活—生产的统筹融合与平衡互动，推动城市高质量可持续发展。

1.3.1　遵循理念

在公园城市理念指引下，遵循基于自然的解决方案，城市生态修复应树立"尊重自然、顺应自然、保护自然、基于自然"的理念，以自然恢复为主、人工修复为辅，科学保护修复各类生态要素，构建山水林田湖草居生命共同体。在生态修复治理过程中，坚持高质量可持续发展，树立"在保护中治理，在治理中保护""保护和节约也是修复"等城市生态修复理念，严格保护区域内现存未遭破坏的生态资源和已自然恢复良好的生态要素，既要以人为本，又不能人类至上，尽量不干预生态自然恢复过程，杜绝过度修复和边修复边破坏。在安全再利用中，秉承"科学与艺术结合""人与天调、天人合一"等中国传统哲学思想理念，顺应修复后场地的特征，"巧于因借"，合理利用，做到人与自然的和谐共生。

1.3.2　基本原则

通过多要素协同城市生态修复，最终实现人、城、园和谐共生的公园城市建设目标，各地应坚持以下基本原则：

（1）坚持保护与节约优先。本着保护优先、节约优先的方针，严格保护现存和已修复的生态资源，加强源头控制，强化固碳减排；以自然恢复为主、与人工修复相结合，避免过分干预和再度破坏，通过保护与修复，提高城市生态系统的自组织、自调控和自修复能力，保障城市生态安全和可持续发展，既满足当代人的需要，又要满足后代人发展的需要。

（2）坚持以人民为中心。城市生态修复要以满足城乡居民生活生产需求和实现对美好生活的向往为出发点和落脚点，构建联通城市内外的生态网络体系，推进绿地系统扩容提质、布局优化和内涵升级，提升自然生态系统功能，丰富生态产品供给；还要注重历史文化以及古树名木等的保护利用，让我们的城市有历史记忆、地域特色、民族特点，既有公园一般的形态面貌，又有丰富的人文内涵，内外兼修，而不是千城一面、万楼一貌，切实提升人们的归属感、获得感和幸福感。

（3）坚持统筹兼顾系统修复。要多专业学科融合、多行业领域协调、多部门协同合作，秉承"山水林田湖草"生命共同体理念，完善绿地系统，统筹推进山体、水体、废弃地等重点修复工程，实现多要素"一盘棋"系统修复。

（4）坚持因地制宜分类推进。坚持问题导向，根据城市生态状况、发展阶段和经济条件差异，有针对性地制定实施方案，近远结合，分类推进。适合的才是最好的，要结合中国国情，体现中国元素，形成中国范式，避免盲目照抄照搬。

（5）坚持全面评估重点突破。要对城市生态本底开展全面摸底评估，识别城市生态安全格局，确定城市生态修复的重点区域，列出实施城市生态修复的项目清单及其优先等级；要以生态修复专项规划为统领，明确城市生态修复的目标、原则、修复重点，制定城市生态修复实施计划，有序推进生态修复实施项目；要对修复项目实施过程监管和效果监测评估，及时修正纠偏。

1.4　多要素协同城市生态修复的现实意义

多要素协同城市生态修复是公园城市建设的核心内容之一，也是基础性建设工作。生态修复以生态环境质量改善为基础筑牢城市绿色本底，以提供优质生态产品为核心改善城市人居环境，以"生态修复+"模式创新为支撑促进城市产业发展，是实现公园城市"生态美好、生活幸福、生产高效"宗旨目标的必由之路。

1.4.1 全面锚固生态本底，营造良好生态环境

"良好生态环境是最公平的公共产品"，通过城市生态修复解决生态环境问题，固牢生态本底，实现"最普惠的民生福祉"。以生态修复改善原有生态空间的割裂现状，构建完善的生态网络，着力恢复城市生态系统功能，提高生态系统的质量和生态环境承载力，实现生态资源的永续利用，为城市高质量发展提供良好的自然环境条件和生产要素支撑（图1-7）。

1.4.2 系统提升城市空间品质，打造美好人居环境

除锚固生态本底外，城市生态修复兼顾建筑、交通和城市历史文化等，推进完善基础设施网络、织补交通体系、延续文化传承，建设舒适宜居宜业的生活与工作空间。塑造地方特色景观风貌，营造宜人的公共空间，让

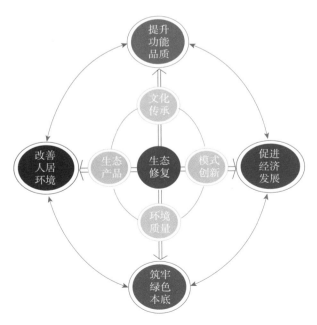

图 1-7 多要素协同城市生态修复促进
城市高质量融合发展的实现路径

修复后的空间成为居民可亲近之处，能够"望得见山、看得见水、记得住乡愁"。通过打造美好的生活、工作、公共活动空间，丰富生态产品供给，全面提升城市空间品质与功能，让居民犹如生活在大公园里一样，打造安全、舒适、健康、美好的人居环境。

1.4.3　整体促进绿色发展，实现公园城市高质量发展

绿水青山就是金山银山，"两山"理论为生态产品价值的转化提供了新思路，通过"价值化"和"市场化"将修复后的生态资源转化为生态产品，进而实现生态资源向生态资产转化。城市生态资源非常有限，通过生态修复提供更多优质的土地、水、生物等资源，利用修复后的土地创新"生态修复+"模式，促进新业态发展，将废弃地更新为城市生态园林、科普基地、居住用地、农林生产等功能用地，发展生态旅游、康养休闲、生态农业等多元化产业体系，提升土地资源价值，转变区域发展动能。因此，城市生态修复要以终为始，通过生态修复后的安全再利用促进生态资源价值转化，加快生产方式和生活方式绿色转型优化，成为推进公园城市高质量发展的新动能。

第 2 章

城市生态修复体系顶层设计

城市生态修复是在生态评估基础上，识别生态问题与生态安全格局，开展山体修复、水体修复、废弃地修复与绿地系统提升等专项规划，并制定规划实施方案，包括分期实施方案、建立项目库、实施保障等。通过综合评价反向指导城市生态修复规划、实施方案的调整与完善，形成"摸底评估—规划统领—实施方案—实施评价—改进提升规划，进入更高层次的实施—评价"的全生命周期螺旋式上升发展模式，促进公园城市建设终极目标达成。

2.1　生态评估

　　生态评估是以城市生态系统为对象，以恢复、完善和提升城市生态系统服务功能为目标，旨在科学诊断城市主要生态问题及其空间分布，是系统开展生态修复的基础。生态评估基本路径为现状调查、问题分析、区域识别、分类分级，确定实施生态修复任务的优先次序和空间区域确定生态修复项目和坐标点位，形成生态评估报告，建立信息管理体系。生态评估包括生态本底调查、生态问题分析、生态安全格局识别、生态评估结果等内容，如图 2-1 所示。

2.1.1　生态本底调查

　　生态本底调查是对城市自然生态历史状况、发展演变过程和现状本底，以及城市社会经济、环境质量状况进行调查，主要包括自然条件、水文、

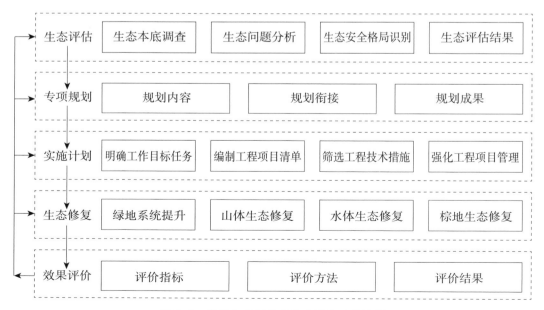

图 2-1　城市生态评估与生态修复工作流程

地形地质、土壤植被、生物多样性、城市历史沿革和城市发展状况等方面的内容，一般通过资料收集、遥感分析和现场调查的方式进行，调查内容主要包括：

1. 自然条件：包括城市气象、水文、地形地貌、地质、土壤、动植物等生态本底、历史变迁的基础数据和卫星影像数据等。

（1）气象资料包括气温、日照、降水、风向、风速、城市建成区热岛效应强度等。

（2）水文资料涉及水系格局演变和历史洪涝淹没区分布两个方面。其包括水网密度、水系等级、水质监测数据、地下水位及补给区、泉水出露区、超采形成的地下漏斗区、水利工程设施分布、水体形态变迁、河道流量等，水域水文资料（流速、流量、水位、库容、入流出流等）、水域水质资料（如污染因子浓度值）、水域内排污口资料（废水排放量与污染物浓度）、污染源资料（排污量、排污去向与排污方式）等。

（3）地形地貌资料包括地形图和数字高程数据（DEM），地质资料包括地震断裂带和地质灾害分布区。

（4）土壤资料包括土壤质地、土壤类型分布及土壤受污染情况。植被资料包括植物种类及其分布，各类生境条件植被覆盖和林相分布等。

2. 生物多样性：包括动物、植物物种的种类和分布；重要物种栖息地和迁徙情况；湿地资源类型及保护状况。

3. 城市历史沿革：包括城市的发展脉络、历史变迁、重要城市历史文化的承载地状况等。

4. 城市发展状况：包括历年城市人口规模、社会经济水平、城市土地利用、交通以及环境质量（包括大气、水和土壤）等基础资料。

2.1.2　生态问题分析

基于对城市生态资源普查和社会经济、环境状况摸底，分类归纳总结城市面临的生态问题，主要体现在以下六个方面：

（1）自然水体和湿地被侵蚀，城市水生态系统割裂，水体、湿地遭到填埋、占用；河湖水系水量减少，地下水位下降；水体水质污染，水生态系统自我净化功能减弱；水体堤底遭硬化、自然岸线被破坏等。

（2）山体、地形地貌景观、自然植被和土壤受到破坏；山体遭受侵占；

存在崩塌、滑坡、泥石流、地面塌陷等地质灾害隐患和水土流失风险等；石漠化、沙漠化等。

（3）天然表土受到破坏；土地平整，底层土被翻至地表，以及采矿作业等导致的土层物理结构受损，如土壤压实、板结、孔隙度降低，使土壤水土保持能力降低；富含有机质的表层土被扰动、剥离或结构被破坏，使土壤贫瘠，氮、磷、钾及有机质含量降低；工矿企业的废水废渣排放导致土壤受到酸碱及重金属等污染，大面积的闲置、被遗弃或未被完全利用和天然表土受到破坏的废弃地造成城市土地浪费等。

（4）生物栖息地减少和破碎化；物种单一，生物多样性降低，群落结构及生物链稳定性相对差，抗干扰能力低下等。

（5）由于城市绿地的规划管控力度不足，导致城市绿地系统破碎化，各类绿地缺乏有机联系，城市内外不连贯，可达性弱；受城市建设用地扩张的影响，出现了城市中心区绿量明显不足，分布不均以及城市绿地遭受侵占或破坏等现象；城市中的老旧公园建成时间相对久远，且缺乏相应的管理及养护人员，导致公园绿地综合功能不强，应用植物种类偏少、配置欠合理，生态效益不强。

（6）乡土文化遗产及其依存的生态环境原真性和完整性遭到破坏等。

结合城市生态本底调查进行生态问题分析，提出了包括但不限于山体、水体、土壤、用地、生物多样性、绿地、大气、文化等类别生态问题，见表2-1。

生态问题列表   表2-1

序号	类别	内容
1	山体	山体、地形地貌景观、自然植被和土壤受到破坏；山体遭受侵占；存在山体滑坡、碎石崩塌等安全隐患和水土流失风险；石漠化、沙漠化等
2	水体	水体被侵蚀、占用、城市水生态系统割裂；水体水量减少，地下水位下降；水体水质污染，水生态系统自我净化功能减弱；水体堤底遭受硬化、自然岸线被破坏等
3	土壤	天然表土受到破坏；土层结构受损，水土保持能力降低；土壤污染等
4	用地	工业、商业、公用设施等城乡建设用地被废弃、闲置，或受污染而未被充分利用；塌陷地、盐碱地、陡坡地、沙地等通过生态修复可作为城乡建设用地而未被充分利用

序号	类别	内容
5	生物多样性	生物栖息地减少和破碎化；物种单一，生物多样性降低，群落结构及生物链稳定性相对差，抗干扰能力低下等
6	绿地	城市绿地遭受侵占或破坏，绿地系统破碎、不连贯、可达性弱；城区绿地不足，分布不均；公园绿地综合功能不强，应用植物种类偏少、配置欠合理、生态效益不强等
7	大气	雾霾、沙尘等空气污染，以及热岛效应等
8	文化	乡土文化遗产及其依存的生态环境原真性和完整性遭到破坏等

2.1.3　生态安全格局识别

通过识别生态安全格局和分析生态环境容量，从而分析导致相关问题出现的原因。

1. 分析目的

生态安全格局指景观中某些潜在的空间格局，由某些关键性的局部、位置和空间联系所构成，对维护或控制某种生态过程有着异常重要的意义。分析生态安全格局的目的在于：①识别维护区域生态过程完整性的底线空间格局，作为生态保护管理的重点对象；②识别生态源地、廊道、缓冲区、战略点等关键景观元素及其战略位置，作为布局生态修复工程的空间依据；③根据生态安全格局和生态受损地区的空间关系，判定受损空间的严重程度和实施修复的迫切性，落实生态修复项目库的优先级。

2. 分析范围

为保障城市生态安全格局的相对完整性，分析应在较大空间尺度上开展，如市域或城市规划区。分析边界应尽量以流域边界等自然生态单元边界为依托，以反映完整的生态过程。

3. 数据来源

生态安全格局分析须基于 GIS 等地理信息软件工具开展，根据对研究对象所在地关键生态过程的判识，确定基础数据需求。一般情况下，生态安全格局分析所涉及的基本数据及其来源如下：

（1）数字高程数据（DEM）：栅格数据，可通过地理空间数据云等开源网站获取。数据分辨率宜根据研究目的和研究面积大小来确定，通常情况下选用30m分辨率的GDEM数字高程数据。基于DEM可以开展海拔、坡度、坡向、径流等基础分析。

（2）多光谱遥感影像：栅格数据，可通过地理空间数据云等开源网站获取。目前常用的是Landsat 8OLI_TIRS卫星数字产品，空间分辨率30m。多光谱遥感影像可用于解译土地利用类型、计算植被覆盖指数（NDVI）、反演热岛效应等。为充分反映植被覆盖情况，建议选取生长季拍摄的影像数据。

（3）林相分布图：矢量数据，从当地林业主管部门获取，用于区分林地类型，如有林地、灌木林地、疏林地等，结合植被覆盖度细化植被分析。

（4）国土资源调查数据：矢量数据或图片，从当地国土主管部门获取，包括土地利用调查数据、基本农田、地质灾害调查数据等。

（5）自然保护地空间数据：矢量数据或图片，包括自然保护区、风景名胜区、森林公园、地质公园、湿地公园、水源保护区等保护地类型，数据中包含各保护地的空间范围和位置，以及核心区、缓冲区的划分等，一般从各类保护地的主管部门获取。

根据城市生态问题的分类分级梳理结果，对水生态环境保护区域、生物多样性保护区域、地质灾害敏感区、城市绿化隔离区、城市生态游憩空间等重点区域进行图形叠加和分析识别，具体要求，见表2-2。

生态安全格局识别要求　　　　　　　　　　　　　　　　　　　表2-2

序号	类别	内容
1	水生态环境保护区域	基于水资源保护、雨洪管理、水生态环境改善三个基本目标，叠加识别城市水生态环境保护区域，划定水源保护区、河流廊道和湿地保护区域等
2	生物多样性保护区域	基于保护生物栖息地和维护生物多样性目标，叠加识别生物生态安全格局。通过对城市特定生物物种（包括濒危种和指示物种）栖息地适宜性分析，识别划定物种栖息地以及迁徙廊道，并划分栖息地核心区及缓冲区，其中核心区严禁人类进入活动
3	地质灾害敏感区	针对城市泥石流、滑坡、崩塌、地面塌陷、地裂缝、地面沉降等地质灾害，结合城市现状发展影响，识别并划定城市地质灾害敏感区和城市建设控制区
4	城市绿化隔离区	结合城市现有设计安全隔离的主要基础设施，包括污水处理厂、环卫设施、输变电设施、管道运输设施、道路、铁路和轨道交通等，划定绿化隔离区
5	城市生态游憩空间	对城市区域内的风景名胜区、郊野公园、森林公园、湿地公园、历史文化保护区以及城市山水格局等系统梳理，识别并划定城市生态游憩空间

2.1.4　生态评估结果

城市生态评估结果应明确城市建设空间和自然生态空间的演变关系，确定城市生态修复区域和范围，划定城市生态控制线，明确城镇开发边界内确需实施生态修复的场地分布状况和项目类型，因地制宜提出修复策略，确定修复优先顺序。

2.2　专项规划

生态修复规划应根据地质安全、资源环境和经济社会调查评估以及生态空间安全格局识别结果，确定生态修复规划目标、工程技术方案、投资估算和保障措施等内容。

生态修复规划目标应与所在区域总体规划、土地利用规划、产业发展规划、生态环境功能区划等相协调，可细分为远期目标与近期目标、总体目标和分区目标、目标层和指标层等。目标层可分为修复后再利用目标、环境质量目标、生物多样性目标、生态景观目标、资源利用目标等。修复治理后再利用目标可为生态园林、农业生产、科普基地等。生态修复宜分区规划，且要与城市绿地系统、水系统、海绵城市等专项规划相协调。城市生态修复应包括山体生态修复、水体生态修复、废弃地生态修复、绿地系统提升等内容。

2.2.1　山体生态修复

山体生态修复应依据山体自身条件及受损情况，对采石坑、凌空面、不稳定山体边坡、废石（土）堆、水土流失的沟谷和台塬等破损裸露山体，排除安全隐患，采用工程修复和生物修复方式，修复与地质地貌破坏相关的受损山体以及与动植物多样性保护和水源涵养相关的植被，在保障安全和生态功能的基础上，进行综合改造提升，充分发挥其经济效益和景观价值。

2.2.2 水体生态修复

水体生态修复应坚持"控源截污是前提"的基本原则，系统开展城市河流、湖泊、湿地、沿海水域等水体生态修复，按照海绵城市建设和黑臭水体整治等有关要求，从"源头减排、过程控制、系统治理"入手，采用经济合理、切实可行的技术措施，恢复水体自然形态，改善水环境与水质，提升水生态系统功能，打造滨水绿地景观。

2.2.3 废弃地生态修复

针对因产业改造、转移或城市转型而遗留下来的工业棕地，以及废弃的港口码头、垃圾填埋场，因矿山开采形成的露天采矿场、排土场、尾矿场、塌陷区，受重金属污染而失去经济利用价值的矿山棕地等，应开展城市废弃地生态修复，在确保生态安全的前提下，兼顾景观打造和有效再利用。

2.2.4 绿地系统提升

绿地系统完善坚持生态优先的原则，以大山大水为主体骨架，将中心城区融入周边生态格局，以绿贯城。以水系支流和线型防护绿地为网络，渗入中心城区，以绿绕城。再以点状绿地修复被破坏的山水联系，以绿复城。结合城市的生态本底特征及自身条件，参考国家生态园林城市标准、国家园林城市标准、省级园林城市标准等不同级别的考核指标，制定符合城市发展阶段的绿地规划建设目标。在确定了城市绿地建设目标的基础之上，明确市域、规划区、中心城区等不同规划层级的绿地规划建设重点内容，因地制宜的制定城乡绿地率、建成区绿地率、公园绿地服务半径覆盖率、人均公园绿地面积等城市绿地建设指标体系。以"统筹城乡、优化布局、提升功能、强化管理"四个方面为抓手，开展城市绿地系统的提升完善工作。

2.3　规划实施

2.3.1　夯实生态基底

1. 划定绿色底线。根据资源环境承载能力和国土空间开发适宜性评价，以改善生态环境质量为核心，以保障和维护生态功能为主线，按照"山水林田湖草"系统保护的要求，在识别城市重要生态廊道和生态敏感区、明确生态保护重点的基础上，统筹划定生态保护红线、永久基本农田和城镇开发边界三条控制线，筑牢城市绿色基底。

2. 构建绿色生态网络。要保护好城市内部的自然生态要素，构建系统完整的蓝绿空间网络体系，统筹推进生态廊道建设、城市绿道建设、立体绿网建设、城市（包括郊野）公园体系建设，维持城市生态系统的完整性和功能性，并通过强化生态保护修复等措施，不断提高城市生态系统的质量和稳定性，充分发挥生态网络的生态保护功能和生态服务功能。

3. 强化连通融合。要协调好城市周边和内部生态空间的关系，提高城市内外自然生态网络的联通性和系统性，构建城市公园、绿廊、郊野公园等与城市周边河湖、山体、林地、农田相互融合的生态绿地系统，使城市生态建设融入自然环境基底之中。

2.3.2　优化城市空间

1. 合理确定城市规模。要以资源环境承载能力为刚性约束条件，统筹考虑人口流动和城镇化发展等因素，合理确定城市规模，确保城市规模与资源环境承载能力相匹配、与城市战略定位相适应、与人口集聚流动趋势相一致。

2. 调整城市空间结构。要守住生态安全边界，充分发挥城市周边重要生态功能空间、永久基本农田等的阻隔作用，推动城市实现多中心、网络化、组团式发展，形成符合当地自然地理特征的空间形态，防止城市"摊大饼"扩张。

2.3.3　提升城市功能

1. 增强服务能力。要以城市社区为单位，着力补齐公共服务短板、进一步提高公共服务品质，加快构建多层级社区生活圈，并通过增加公共空间供给、鼓励公共服务设施结合公园绿地布局等方式，不断提高城市宜居水平。

2. 提升城市安全。要加强灾害风险评估，划定风险防控与安全底线，通过统筹布局防灾设施、适度提高生命线工程的冗余度、合理布局应急避险空间等方法，着力提高城市的综合防灾减灾能力，为建设安全韧性城市奠定基础。

3. 强化场景营造。要把公园化街区、公园化社区的建设作为落实公园城市理念的基础性工作，努力提高公共空间的绿视率，并通过植入新业态、营造新场景、引领新消费等方法，满足新经济对高品质空间环境的需求，进一步拓展空间价值、提升空间活力。

2.3.4　划定生态控制分区

建立初始生态控制分区须以生态安全格局的构建为前提，在判别研究区域关键生态过程的基础上，构建单一过程的生态安全格局，如水安全格局、生物安全格局、地质灾害安全格局和游憩安全格局等，基于最大保护原则将以上安全格局叠加形成综合生态安全格局，并按照综合生态安全格局水平建立初始生态控制分区，其中低安全、中安全、高安全分别对应生态核心区、生态缓冲区和生态协调区，以上生态控制分区可作为生态保护红线与生态空间划定的参考。

2.3.5　制定分区管控导则与指标体系

1. 建立生态建设数据库

在生态控制分区修正的基础上，利用地理信息系统剔除用地的冗余信息并再编码，建立覆盖研究区域的生态建设数据库。该数据库由用地类型、用地规模和用地权属等规划属性，以及所承载的生态过程及其安全水平、生态控制分区类型等生态属性共同构成，是后续提出分区管控导则与指标体系，并发布生态保护与修复附加图则的基础。

2. 提出分区管控导则

分区管控导则是面向区域层面进行生态保护、修复和建设活动管制的强制性约束，其控制管理单元为生态控制分区，按生态核心区、生态缓冲区、生态协调区与可建区实行差异化管控策略：

（1）生态核心区可作为生态保护红线的备选区，在经过公众参与与实地调研后进行边界框定，其内部严格禁止任何建设开发活动，要求保护现有自然资源与生态环境，以减少人类活动对生态系统的干扰。

（2）生态缓冲区与生态协调区构成一般生态空间主体，其中生态缓冲区禁止新增建设用地，以生态保护、恢复为管控策略，逐步强化其生态系统的服务功能；而生态协调区是城镇开发边界与生态空间的过渡地区，在有严格的环境影响与评估论证、遵循相应的生态保护要求的前提下，其内部允许进行适度的建设开发。

（3）可建区相当于城镇开发边界与一般城镇空间之和，是在保证区域生态系统安全与生态系统服务供给能力的前提下，允许进行建设开发的区域，并根据相关法律法规进行控制与管理。

3. 确立分区管控指标体系

管控指标是面向地块开展生态保护、修复与建设活动控制管理的定量约束，根据生态控制分区进行分级分类管控。在区域尺度上，分区管控指标体系承袭分区控制导则确立的管控级别与要求，同时以约束性指标与引导性指标对自然资源（尤其是土地）的利用方式和开发强度做出规定。

分区管控指标体系强调刚性控制与弹性指引相结合，并按约束性与引导性指标对不同生态控制分区进行差异化管控，其中约束性指标包括建设活动控制和生态修复控制等内容。在具体的指标内容与取值标准的选择上，为避免引入主观因素导致的随机性，应尽可能参照现行规划控制体系及我国相关法律规范与技术标准体系内容选取。必要时，可依据生态学原理适当调整或改进。

2.3.6　发布生态保护与修复附加图则

1. 制定城市生态修复实施计划，明确生态修复工作目标和任务，科学构建城市生态修复指标体系，根据城市生态修复方式，筛选切实可行、经济合理的适宜技术及措施，预估工程量、投资量和实施周期，预测城市生态修复效果，明确保障机制和措施（表 2-3）。

2. 针对生态修复目标，明确生态修复建设重点，研究制定实施生态修复建设的实施计划，明确修复工程量、实施主体、进度安排、修复措施、技术要求、考核指标等，构建生态修复的技术指标和工作指标并合理赋值。各生态要素的完整性直接关系到生态修复效果，既要统筹受损山体、水体的系统修复；制定生态修复工程项目方案和开展工程量预测时，又要适当向周边区域延伸。

3. 建立项目储备制度，明确项目类型、数量、规模、建设成本和时序以及项目总量分类统计。针对城市生态修复内容和建设时序，筛选生态修复工程的关键技术。对不同类型生态修复工程实施后的生态状况和效果进行预测和分析对比，优化技术方案。制订生态修复工程项目实施的技术路径、过程控制要求及后期运行维护管控要求（表 2-4 和表 2-5）。

4. 建立多部门协调推进工作机制；建立和完善城市生态修复相关标准体系；建立动态生态评估信息体系和生态修复项目监管体系；加强实施计划的论证和评估，增强实施计划的科学性、针对性和可操作性；探索多元主体参与的市场化推进模式。

生态修复近期实施规划任务分工 表 2-3

计划名称	工作内容	主要责任单位

生态修复近期实施项目表   表 2-4

计划名称	类别	项目名称	区属	规模	投资估算	修复内容	责任单位	实施年限

生态修复储备项目表   表 2-5

计划名称	类别	项目名称	区属	规模	投资估算	修复内容	责任单位

2.4　综合评价

　　通过综合评价反向指导城市生态修复规划、实施方案的调整、完善，由此形成"摸底评估—规划统领—实施方案 + 保障措施—实施评价—改进

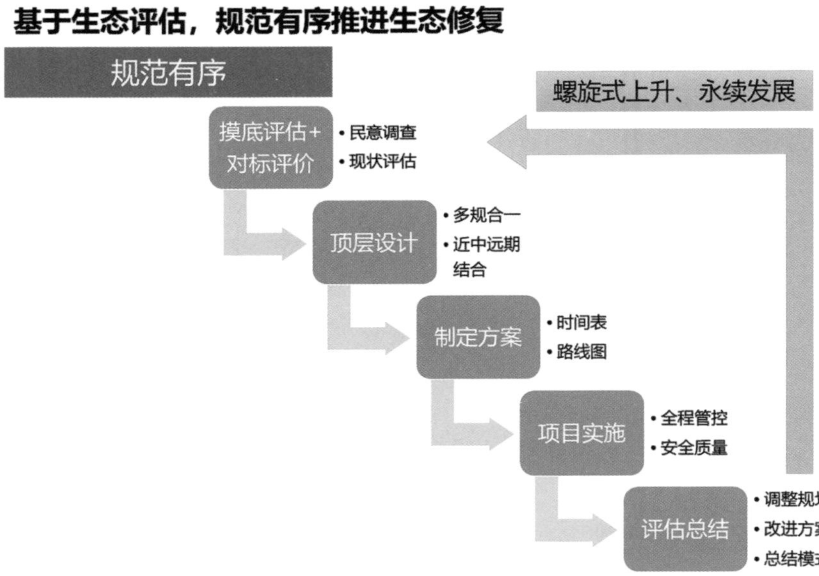

图 2-2 基于生态评估的城市生态修复实施路径

提升规划，进入更高层次的实施—评价"的全生命周期闭环，且螺旋式上升发展，促进公园城市建设终极目标达成，见图 2-2。

2.4.1 公园城市建设评价具体工作流程

1. 制定评估工作方案，确定领导小组，明确部门任务分工。

2. 研究确定因地制宜的评估指标体系，开展数据收集、居民问卷调查和相关专题研究工作。

3. 进行诊断分析，分类研判，并根据政府工作要求提出治理清单。

4. 编写评估报告，经市政府审查通过后，将评估结果应用于公园城市规划、城市更新行动及相关部门工作中。

在工作推进中，应逐步建立"市—区—街道"多层级政府主体的联动机制，发挥好"横向到边、纵向到底"协同作用，有序推动评估工作。其中"横向到边"要做到将各政府部门、各级政府的行动计划和实施项目库整合起来；"纵向到底"要引导将基层的问题及诉求有效地反馈给政府决策者。此外，应积极完善公众参与机制，并引导社会各界参与到城市生态修复评估的监督工作中，形成合作共治、共同缔造的局面。

2.4.2　评价方法及指标体系构建

1. 确定评价标准值的方法包括：①采纳现行国家及行业标准的指标值；②参考各地有相关工作经验、生态状况良好的城市现状值。

2. 选定科学合理的评价标准是公园城市建设的关键。按照《公园城市评价标准》T/CHSLA 50008—2021 提出从生态环境评价、人居环境评价、生活服务评价、安全韧性评价、特色风貌评价、绿色发展评价、社会治理评价七个维度设置公园城市评价指标，评估公园城市建设成效及规划实施情况，评价等级分为初现级、基本建成级、全面建成级三个层级。

在实际操作层面涉及城市规划、建设、管理的方方面面，需要综合性的解决方案和手段。需要因地制宜地设计目标与程序，需要政府与社会协作，由政府工作人员、专家学者、专业技术机构共同参与完成；同时在公园城市评估与满意度调查中，可依托专业机构发挥技术支撑作用。此外，对于指标体系不能充分反映城市现状情况和问题的，需要对样本城市实地考察和调研。

第 3 章

城市生态修复工程关键技术

　　近年来，各地从城市山体、水体、废弃地与绿地系统的角度入手，对城市生态系统修复开展了大量研究和工程实践。但总体而言，城市生态修复还存在暂时性修复、过度性修复、破坏性修复等问题，多以单一自然过程或局部价值作为技术衡量标准，缺乏自然、经济和社会的统筹，构建的生态系统脆弱、修复成本较高、效果不佳。公园城市理念高度肯定了人、自然与城市的协调发展关系，为通过多目标多要素协同突破城市生态修复中遇到的瓶颈指明了方向。本章在公园城市理念指引下，基于城市生态修复顶层设计和"多目标多要素协同的城市生态修复关键技术研究与应用"项目研究成果，按照城市受损空间涉及的生态问题与要素类型，诸如矿山、河流、湖泊、填埋场、污染场地、生态廊道等，结合工程实践案例，对城市山体、水体、废弃地以及绿地系统四大类关键在地性技术及应用进行了详细阐述，旨在以低扰动、近自然的方式，优化生态网络，营造空间环境品质，塑造公园城市风貌，促进新型城镇化和生态文明建设，满足人民群众对美好城市的期待。

3.1　山体生态修复

3.1.1　总体要求

　　中国作为一个多山地国家，全国范围内的山地城市有近 400 个，山地建制镇 1 万多，超过总城镇量的 2/3。纵观世界著名城市的人居发展史，存在诸多地理关键所在。对于城市来说，一座山就是一座城市的脊梁，在地理风土之中，以自然风貌丰富城市的感官，也为城市中人类呈现更具层次的生活境界。

　　城市山体修复应遵循以下原则：①安全优先原则。由于爆破采矿等活动，使山体严重松动，存在严重的地质灾害隐患。应根据破损山体的地质资料和现场勘察的实际情况，采取排险、固坡、加筑挡墙等措施，彻底消除开山采矿带来的山体滑坡、碎石崩塌等地质灾害隐患。②尊重场地与景观营建的原则。在生态保护和恢复原则的基础上，应尊重自然环境，注重修复的科学性与艺术性，运用各种建设要素和当地自然材料，在进行生态恢复的同时，充分体现自然景观的优美。③经济性原则。破损山体修复与绿化景观营建要注重经济实用性，考虑修复工程的建造成本和长期的养护管理成本。应充分利用采石遗留下来的石料作为土建用材，合理利用现状高差，创造不同的山地空间。以自然生态设计为主体，减少冷季型草坪，降低后期的养护管理费用。④彰显城市山水特色的原则。融合中国传统文化和山水园林哲学思想，强调师法自然，打造"山水人城"和谐共融的诗意栖居，把梳山理水、景面文心的中国园林营造理念与技艺应用到城市山体生态保护修复中。

3.1.2　工程技术

　　山体修复主要对象包括道路边坡、矿山废弃地、城区破损山体中的采石坑、凌空面、不稳定山体边坡、废石（土）堆、水土流失的沟谷和台塬等破损裸露山体。山体生态修复应依据山体自身条件及受损情况，排除安全隐患，在保障安全和生态功能的基础上，进行综合改造提升，充分发挥其经济效益和景观价值。不同场景下的受损山体，如高危边坡山体、重金属污染矿山、酸性矿山等山体，采取的修复工程技术存在较大的不同。在修复治理遭受生态破坏的山体前，需要实地调查山体生态破坏的现状，如测量被破坏的山体的边坡，统计体植被破坏的类型，摸清具体情况，采取适宜当地实际情况的山体生态治理修复技术。

　　本章重点介绍本书编写组完成的"多目标多要素协同的城市生态修复关键技术研究与应用"项目的高危边坡挂网喷播技术、岩壁边坡"藤先锋"技术、土层边坡柔性生态水肥仓技术、重金属污染矿山生态修复技术、酸性矿山废弃地修复技术等。上述技术在湖南益阳－赫山区泥江口镇宏安南坝矿区、江西银山矿业露采采区及排土场、江西德兴铜矿等地多个生态修复工程项目中应用，具有良好的经济性、实用性以及创新性，能够为类似山体修复工程提供较好的参考作用。

　　1. 高危边坡山体生态修复技术

　　益阳赫山区泥江口镇宏安矿业南矿坝区生态修复工程，以维护生态安全、降低自然灾害的发生概率、恢复生物多样性和水土保持为目的，通过利用多项高危边坡生态修复新技术和近年来常用的经过改进的山体生态修复工艺，使益阳赫山区泥江口镇宏安矿业南矿坝区的自然生态环境得到了大幅提升，极大降低了边坡滚石和水土流失的概率，稳定了边坡的土石结构，解决了因雨水冲刷、边坡的泥渣流入河道或农田，以及河道堵塞、农田农作物被毁坏等问题，形成了稳定的自然边坡，保障了周边居民的生命财产安全（图 3-1）。

　　（1）高危边坡挂网喷播技术

　　由于山体陡峭且部分已产生山体裂缝，无植被覆盖，针对边坡的特殊地质环境及现状，本工程采用厚层基材挂网喷播生态防护施工技术进行植被修复。

图 3-1　益阳赫山区泥江口镇宏安矿业南矿坝区生态修复前和修复半年后对比

厚层基材挂网喷播生态防护施工技术，是一项适合在贫瘠土或石质边坡上进行植被建植的新技术。该技术是将植物种子、团粒剂、木纤维、胶粘剂、保水剂、土壤改良剂、有机肥、复合肥、生物菌肥、水等按一定比例配合，加入专用设备客土喷播机中充分混合搅拌后，通过空气压缩机和喷射泵输送，在喷枪口与水混合后喷射到预先固定钢丝网上的坡面上，从而形成有一定厚度的具有耐水、风侵蚀，牢固透气，与自然土相类似或更好的多孔稳定结构，实现永久固坡和美化环境目的。

工艺流程：边坡开挖→清理边坡→铺设、固定镀锌钢丝网→固定植生板→初步覆土及改良→配制客土材料、种子选择、材料搅拌→客土喷播→覆盖无纺布→养护管理。

①清理边坡

对较松动的岩石坡面，采用人工方法清理坡面浮石、浮土等，做到处理后的坡面平整、无大的石头突出与其他杂物存在，使其有利于基材和岩石表面的自然结合。

②挂镀锌网

在坡面上安装钢筋，将钢筋交叉布置。然后在坡面铺设镀锌网，将网张拉，连接紧，相邻两卷网用绑扎钢丝连接固定，铺设过程中和完工后，严格检查镀锌网与锚杆连接的牢固性，确保网与坡面形成稳固的整体（图3-2）。

图3-2 挂镀锌网

③固定植生板

根据坡面的具体情况，设置植生板，确定其间距，用于蓄水和提供长期肥效，缓解岩石边坡在干旱时期草坪生长的缺水缺肥问题。

④初步覆土及改良

利用坡面可利用的表土，进行基础改良，改善基质。

⑤配制客土材料、种子选择、材料搅拌

植物对土壤的化学性质和物理结构也有相应的要求。土壤过酸或过碱都不利于植物生长；土壤过疏、过密，或团粒结构差，都会影响植物生长。因此，在客土材料的选择和配比时，尽量使用当地肥土或熟土。本工程植物种子选择当地常见的乡土植物，如狗牙根、白三叶、刺槐、多花木蓝、黄花槐、黄花决明、紫穗槐、盐肤木、小飞蓬、狗尾草等。

⑥客土喷播

客土喷播前浇水湿润坡面，选用专用客土喷播机，调节输送泵压力、出风量，使过筛腐殖土、木纤维、泥炭土、缓释营养肥、胶粘剂、保水剂及种子（其中种子的类型和数量，应根据具体的坡面、坡体和气候做出调整）等混合材料用喷播机充分搅拌，通过空气压缩机和喷射泵输送，在喷枪口与水混合后喷射到预先固定钢丝网上的坡面上，使其形成一个有机整体（图3-3）。

图3-3　客土喷播

⑦覆盖无纺布

在喷播完成后盖上无纺布，以减少因强降水量造成对种子的冲刷，同时也减少边坡表面水分的蒸发，从而进一步改善种子的发芽、生长环境。

⑧养护管理

出苗期：保持土壤湿度、防止土壤板结、防止病虫危害，要使用杀菌药消毒，为种子发芽创造条件。

幼苗期：不十分干旱不可急于浇水，促使幼苗根系向地下伸长生长，主要培养根系。同时，阳光强烈时要防止土的表温过高灼伤幼苗，要采取适当的浇水或遮阴的措施；后期对氮肥的需求增多，可适量追肥，可结合浇灌进行。

速生期：苗木生长最旺盛的时期，也是需要水、肥量最多的时期，要加强水、肥的管理。适时量为苗木提供水、肥，促进苗木生长发育，提高质量和产量（图3-4）。

木质化期：在植物木质化前期适当施有利于植株木质化的磷、钾肥，促进苗木木质化，增强抗逆能力。

（2）岩壁边坡"藤先锋"技术

在此次生态修复中，针对岩壁边坡，利用藤本植物作为先锋植物进行生态修复。藤本植物具有抗逆性强、生长快速的特性。在藤本植物生长、复绿的过程中能够改善所处的生境状况，为草本、灌木的生长与生存提供适宜的环境。通过不同植物的相互作用，从而达到快速复绿的效果。利用藤本植物的攀援特性，在生态修复时，只需改良小部分供藤本植物生长的

图 3-4　植株速生期

土壤，即可达到大片边坡岩壁的复绿效果，修复工程大大简化，成本降低。利用此方式简化了工程施工流程，降低了施工难度。

工艺流程：铺设藤本攀爬网→铆钉固定→坡脚开挖种植穴→坑底改良土壤→施肥（生物有机肥、控释肥、保水剂、特制农林废弃物）→栽植藤本。

①场地整理：先进行场地平整，使场地更平顺，同时须除去石块、杂草，再进行开挖穴。

②铺设攀爬网：攀爬网沿坡面自上而下放卷，并将网张拉，连接紧，能防止小块落石和雨水冲刷坡面的影响。

③坡脚开挖种植穴：沿坡脚在水沟外侧挖坑，采用内倾式种植槽，能有效防止雨水冲刷，避免藤本杯苗基质流失。

④坑底改良土壤、施肥：生物有机肥、控释肥、保水剂、特制农林废弃物等改良土壤和为藤本植物前期生长提供足够的养分。

⑤栽植藤本：藤本选用地径不小于 1cm 的葛藤、爬山虎等生长速度快，但冬季会落叶，可为其他植物提供生长时间空隙的藤本植物（图 3-5）。

（3）土层边坡柔性生态水肥仓技术

针对土层坡面区，底层土壤类型多，土壤肥力极差，且由于整体是边坡结构，保水保肥难度大，并容易出现断层崩塌现象等特点，使用了柔性生态水肥仓技术，采取点面绿化结合、近自然生态修复的思路，营造自然景观效

图 3-5 藤本栽植 1 个月后（左）和栽植 3 个月后（右）

果，改良了瘠薄的边坡土壤，为后期撒播和栽植提供了充足的养分。利用当地乡土植物和周边植物群落，进行植物配置，促进植物乔、灌、草不同形态不同层次的生长，保证群落的稳定性和后期演替。

工艺流程：边坡清理→原位土壤改良→构建柔性生态水肥仓→栽植柔土固结纤维乡土小乔灌木群→盖草帘→养护管理。

①边坡清理

将坡面平整，以利于后期施工，清理对象包括坡面碎石、松散层等不稳定部分，自上而下，分区段进行。

②原位土壤改良

针对土壤环境差，现存土壤肥力低下，保水保肥能力差，土壤中的有效营养易随雨水流失，影响植物生长等问题，利用生物有机肥、缓释长效肥、团粒结构促进剂、微生物菌肥、保水剂等材料对边坡土壤进行原位改良，改善土壤结构，提高土壤肥效。

③构建柔性生态水肥仓

通过对锚点强化改良措施构建生态仓，内部充填柔土土壤活化剂、柔土生物水肥仓等植生基质材料（柔性生物水肥仓材料为主，富含缓释炭基肥、生物菌肥、改良调理剂、专用功能型高效水属改性纤维、活性钙、有机质、无机矿物质、保水剂等）。生态仓应用于建造柔性生态边坡，是荒山、矿山、石质边坡等的施工方法之一（图 3-6）。

④栽植柔土固结纤维乡土小乔灌木群

柔土固结纤维内的植物种类为项目地周边常见的小乔木和灌木。柔土固结纤维预培的植物，高度控制在 40~60cm。栽植比例：平均 1.5m² 栽植 1 个种植球。

图 3-6 构建柔性生态水肥仓现场图

图 3-7 修复 1 年半后的现场图

栽植方式：土壤改良工序完成后，根据柔土固结纤维的规格比例，挖种植穴，穴大小为柔土固结纤维的 1.3 倍。在种植穴底部填入柔土生物水肥仓，在水肥仓上覆盖 0.5cm 厚度的改良土壤后，将带植物的柔土固结纤维进行栽植，过程中将植株扶正，分层覆土，轻压提苗，保证柔土固结纤维完全埋入土壤，同时浇透水，并根据植物叶量适量剪叶（图 3-7）。

苗木栽植结束后，撒播混合草种，提高植被恢复盖度，植物种子选择同岩面喷播植物组配。

⑤盖草帘

在喷播完成后盖上草帘，以减少因强降水量造成对种子的冲刷，同时也减少边坡表面水分的蒸发，从而进一步改善种子的发芽、生长环境。

⑥养护管理

前期养护管理过程中，保证植株和所播种子的湿度，当植株恢复生长，种子发芽并进入生长期后，进行一次补肥。采用薄肥勤施的原则，当栽植植株稳定生长，播种植被生长稳定后，逐渐降低养护频率，提高植被的抗逆性。

2. 重金属污染矿山生态修复技术

江西省德兴铜矿是亚洲最大的露天铜矿，也是中国最大的在产铜矿，已探明铜矿石储量 17.1 亿 t，铜金属量 800 多万 t，日处理矿石量 13 万 t，年产铜精矿含铜 16.0 万 t，约占全国产铜量的 1/10，金 5t，银 23t，钼 2000t，硫 50 万 t。德兴铜矿现有三大采场，分别为铜厂、富家坞、朱砂红。

随着矿产资源的开发，在德兴铜矿开采区形成了许多历史遗留的老窿硐和周边废石堆。目前，在德兴铜矿地区历史遗留的老窿硐共计 26 个，其中 20 个老窿硐治理恢复效果较好，已不存在矿井涌水及其外排污染风险，但仍有 6 处老窿硐和一处废石堆存在酸性涌水或面临地表水体倒灌问题，存在极大的环境污染和威胁隐患（图 3-8）。

根据酸性水污染成因及水文地质条件对大坞头和大桥林场区域酸性废水治理，提出"三堵、一治、两管、一防"的一"硐"一"策"综合治理思路，"三堵"为对 23 号、24 号、25 号三个高风险老窿硐进行重新封堵，"一治"即针对 FS07 废石堆进行污染治理，"两管"即风险管控 15 号、16 号两个中风险老窿硐，"一防"则是对 1 号老窿硐修建地表排水沟渠，防

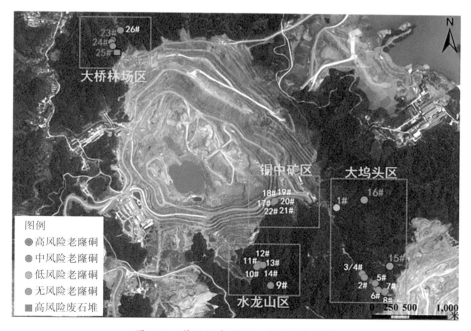

图 3-8　待治理老窿硐 / 废石堆分布图

止地表水进入硐内产生酸性废水。

（1）封堵技术

在大桥林场铜锣坞沟沟谷分布的 23 号、24 号、25 号老窿硐尽管已经人工封堵，但是仍有少量酸性水从硐口呈线状涌出，颜色黄色至中褐色，pH 值为 2.3~3.8，有刺鼻酸臭味，水质分析显示污染物种类多且含量较高，但总水量不大。该区域酸性水主要来源于上游的 FS07 废石堆，由于山体开挖大量废石堆积，形成了局部储水单元，周围地表水和地下水进入废石堆，产生酸性废水。这些酸性水最终汇入铜锣沟沟谷，随着地表水和地下水的补给，其水质已经明显改善，并沿地表水渠经泗州镇，最终汇入乐安河，其水量与乐安河相比，水量相对较小，因此，对乐安河水质影响不大。

根据收集到的资料显示大桥林场铜锣沟沟谷 23 号、24 号、25 号老窿硐为斜井，硐口封堵之前水位与硐口齐平；目前硐口已经封堵，主要封堵方式是挖除泥后采用生石灰和废石充填，最后采用浆砌块石封口，封堵模式，如图 3-9 所示，封堵距离小于 10m。该区域地层风化层厚度约 5~22m，平均约 15m，地下水埋深约 1.5~8.0m，由于风化层厚度发育深度较大，因此老窿硐封堵后，硐内仍处于氧化环境。此外矿硐封堵施工过程中未对老窿硐进行防渗处理，地下水可以通过老窿硐周围裂隙进入老窿硐硐内，通过水岩作用产生酸性废水，从硐口周围封堵不严缝隙流出。根据地下水分

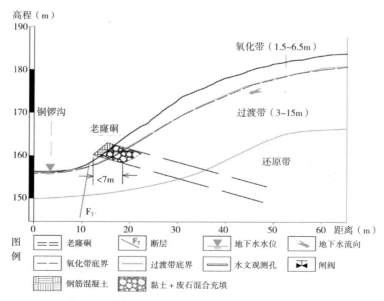

图 3-9　大桥林场铜锣沟沟谷老窿硐封堵模式图

带及氧化还原特征，该区域氧化带深度约 16.8m，老窿硐封堵位置位于氧化带内，氧化带内地下水通过采矿或风化裂隙不断补给，地下水中溶解氧不断释放，使老窿硐封堵后硐内仍处于氧化环境。进入老窿硐的地下水与硐内金属硫化矿物发生水岩反应产生酸性废水，从硐口封堵不严裂隙流出。

结合老窿硐水文地质条件、氧化还原带划分及老窿硐酸性水成因模式可得出：老窿硐是产生酸性废水的必要条件，要抑制酸性水的产生就必须阻断地下水的补给或溶解氧的释放，破坏水岩反应条件，从源头抑制酸性废水的产生。因此，必需根据该区域水文地质条件和氧化还原分带特征，对该区域 23 号、24 号、25 号老窿硐重新封堵。参考《废弃井封井回填技术指南（试行）》（环办土壤函〔2020〕72 号）有关规定，根据井筒水文地质特征，在矿硐还原带内采用生石灰充填以中和酸性物质，在老窿硐硐内过渡带和氧化带采用废石充填并注浆固结隔绝氧气形成还原环境，最后洞口采用钢筋混凝土封口。为确保封堵效果，必要时应在井壁周围进行喷浆防渗处理，并针对渗漏点止水封堵，同时在硐口与废石注浆固结体、石灰充填物之间埋设导气管，导气管前段伸出固结体或石灰充填物 0.5m，末端伸出硐口大于 0.5m，并设置水文观测孔以满足水质取样要求。硐口按照井筒边缘外扩 1.0m 作为井筒井盖范围，拆除井筒井壁深部不小于 1.2m。采用钢筋混凝土结构，混凝土浇筑厚度不小于 1m，井筒封闭后待混凝土达到养护设计强度后再回填，回填土分层夯实，压实系数不小于 0.96，封堵模式图，如图 3-10 所示。

老窿硐封堵后地下水位升高通常会造成硐内压强增加，甚至超过混凝土与硐内基岩的结合力，进而破坏封堵效果并造成硐口积水，无法达到封隔矿井抑制氧化的目的。因此，本次封堵方案设计采用废石充填并注浆固结的方式，对老窿硐填充封堵，其最大承压压力为 $P \geqslant k\rho g \Delta h_{max}$，其中 P 为混凝土抗压强度，MPa；k 为安全系数，取值一般为 1.2~1.5；ρ 为水密度，1000kg/m³；g 为重力加速度，m/s²；Δh_{max} 表示最大水头差，m。

（2）废石堆治理技术

现场踏勘发现，FS07 废石堆场面积约 3700m²，坡度约 45°，坡面冲刷严重，酸性废石散落（图 3-11），在雨季对下游会造成泥石流和滑坡地质隐患，同时也会带来酸性水等环境问题。因此，为彻底整治环境，消除隐患，将废石堆纳入此次整治范围。

FS07 废石堆位于铜锣沟沟谷上游近山体的天然地表水排泄通道区域，

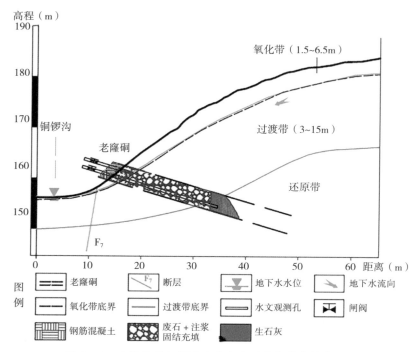

图 3-10 大桥林场铜锣沟沟谷老窿硐重新封堵模式图

图 3-11 FS07 废石场现状

但由于废石堆坡脚修建有挡拦坝，且铜厂边坡开挖有大量土方堆积，导致该区域在挡拦坝上游形成了局部储水单元。通过岩性分析可知，该区域岩性主要为块状凝灰岩、砂板、千枚岩，直径介于 0.1~5m 之间，平均直径约 0.3m。岩石金属组分分析结果显示，这些堆积的碎石块富含金属硫化矿物，在物理、化学氧化作用下，残余在废渣中的矿元素如铜、铅及其他伴生酸性或重金属矿物将从废渣岩体中分离出来，在雨水冲刷淋滤作用下，这些金属硫化属矿物将进一步发生化学反应生成可溶酸性化合物、重金属离子化合物等有害物质，并溶于雨水中从沟谷上游流入铜锣沟沟谷与老窿硐水汇聚，从而造成地表水、地下水污染。另外，水文地质调查结果显示废石堆另一部分水流来源于附近 F7 断层构造裂隙水的补给，这些水与废石中金属硫化矿物发生水岩作用，产生酸性废水，由于作用时间比较短，实验反应程度较弱，污染物含量及浓度相对较低，但水量比较稳定。因此要抑制废石堆酸性废水的产生量。

①酸性改良工程

通过废石场现场调查分析，项目区土壤呈现中度酸性，pH 均值为 2.0~4.5，设计采用原位改良的工艺调节酸性，选择石灰粉作为主要改良剂，辅助微生物、聚合物固化剂、稻壳，混合后通过喷播机均匀喷射到废石表面，在重力作用下入渗至深层废石堆，形成不低于 15cm 的有效酸性改良层。

②阻隔工程

在实施酸性改良工程后，自下而上依次设置的低渗透层、导水层和生长基质层以实现物理阻隔。其中，低渗透层主要为膨润土防水垫，用于与堆场之间隔离和防渗；导水层则主要为三维土工网，用于疏导入渗水；生长基质层为复合轻质基质垫，具体包括两层上下层叠设置的针刺短纤无纺布和设于两层针刺短纤无纺布之间的轻质基质层。通过物理阻隔实施，可有效地减少雨水和其他地表径流入渗量，进而达到从源头控制污染产生的目的。

③植被工程

在实施阻隔工程后，覆盖 40cm 种植土以构建植被种植层，同时为植物正常生长提供介质条件，以及为后期管护提供支撑。在实际施工过程中，为适应当地自然生态环境，同时确保植被建成后在景观效果上接近自然，并与周边山体景观协调融合，应以乡土植物为主，外来植物为辅。

3. 酸性矿山废弃地生态修复技术

江西银山铜多金属矿床是我国重要的铜金铅锌矿床之一,位于中国东部环太平洋成矿带的内带,钦杭成矿带东段,位于江西省德兴市区东北,是我国重要的有色金属矿集区。银山铜多金属矿床位于江西省德兴市内,矿区南北长 2.7km,东西宽 2.15km,面积约 5.81km²。地理坐标:东经 117°35′00″~117°36′30″,北纬 28°57′15″~28°59′00″。据史料记载,银山铜铅锌矿发现于 605~618 年。银山矿区开采年代久远,开采量大,在矿区形成了大量的开采面和大型的排土场。在此次生态修复工程中,排土场边坡生态治理面积为 31900m²,露采区生态治理面积为 24100m²,共计 56000m²(图 3–12)。

(1)场地修整工程技术

由于坡面局部区域出现冲痕、冲沟等现象,以及存在危石、浮石等,需进行坡面修整。同时因为排土场和运岩公路边坡落差大,坡度较陡,废石风化后多为碎石夹黏性土,不利于边坡的总体稳定,采取机械开挖、移位回填的方式,对边坡进行整形,形成近似平整的边坡坡面。上部开挖,下部回填,保持方量平衡,避免出现土方外运情况,坡面的石块清理至坡脚,可起到反压坡脚作用,提高边坡稳定性。

机械平整坡面面积 56000m²,机械平整开挖 2000m³,边坡开挖移位回填整形后,采取原位控酸 – 客土 / 基质改良 – 微生物联合生态修复技术工艺进行植被恢复。

图 3–12　银山矿业露采采区及排土场生态治理工程(三标段)治理区域

（2）土壤改良工程技术

排土场的污染主要来自硫化矿的氧化。硫化物矿物暴露于地表，与水圈、大气圈及微生物相互作用发生氧化性溶解而形成的废水称为矿山酸性废水（AMD/ARD），既是矿山污染的产物，也是金属污染物淋滤、扩散、迁移的重要介质，酸性矿山废水主要特征是酸度高、含重金属离子。常见硫化矿物主要有黄铁矿、胶黄铁矿、白铁矿、磁黄铁矿、辉铜矿、方铅矿、闪锌矿、黄铜矿、斑铜矿、毒砂等。因此，硫化矿开采过程中往往会有酸性水污染问题。事实上，我国不少矿山多年来为酸性污染问题所困扰，地表寸草不生，植被构建困难，有的甚至污染并影响到矿区周围的地表水、地下水以及土壤。

通过现场调查分析，项目区土壤呈现中度酸性，pH 均值为 3.2~4.5，设计采用原位改良的工艺调节酸性，选择石灰粉作为主要改良剂，辅助微生物、聚合物固化剂、稻壳和有机肥，与土壤混合后通过喷播机均匀喷射到排土场边坡表面，形成不低于 5cm 的有效酸性改良层。其中：石灰 $1kg/m^2$，微生物菌剂 $2g/m^2$，聚合物固化 $5g/m^2$，稻壳 $1.0kg/m^2$，污泥发酵有机肥 $2.0kg/m^2$。

本区域现场立地条件差，地表物质组分水肥低贫，各理化指标均不符合植被生长要求，应综合使用物理—化学—生物手段进行营养改良，并结合前后期生长状况作出长线观测，反馈信息，及时修正技术路线和改良方式。本工程营养基质改良总体技术路线为客土—施加生物、化学改良材料—翻肥，具体方式和用量如下：1）客土为天然土壤用自卸车运至现场，由小型挖掘机从边坡顶部向坡面覆土，覆土厚度 30cm，小型挖掘机整平。2）机械结合人工添加营养基质及有机肥，具体成分及用量如下：微生物菌剂用量为 $8g/m^2$，稻壳 $1.0kg/m^2$，聚合物固化剂 $10.0g/m^2$，污泥发酵有机肥 $2.0kg/m^2$。3）以上材料施加完毕后，小型机械结合人工翻耙覆土层，翻耕深度不小于 20cm。翻耕、暴晒，去除原有毒性、微生物和虫卵。同时提高土壤松散度，使之透气、蓄水。必要时二次翻耕，使覆土层形成初步改良种植土层，备耕。

（3）微地形改良技术

主要通过物理方法，调整覆土层的微地形，使坡面具备分级稳定、保水保墒、排水流畅、人行方便的微地形结构。项目设计采用水平条沟微型整地。人工开挖水平条沟，宽 × 深 =30cm×20cm，相邻沟间距 1m，挖出

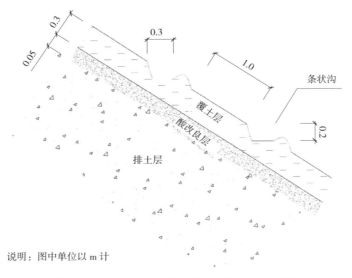

说明：图中单位以 m 计

图 3-13　微地形改良水平整地设计断面示意图

土方就近在沟外侧压实筑垗，设计示意图，见图 3-13。

（4）植被恢复工程技术

通过植被调查确定的该项目生态恢复植物物种共计 19 种，其中乔木 5 种，灌木 6 种，草本植物 8 种，选择植物名录，见表 3-1。

根据银山矿业前期植被恢复的实际情况，在满足水土保持和生态恢复等要求的基础上，考虑采用多种植物综合配置，建立禾本科和豆本科一年生草本植被先行，快速复绿；通过植被根系微生物改良土壤，形成多层植物立体生态系统。乔灌草相结合，针叶常绿与落叶阔叶植物、一年生与多年生植物相结合，形成四季常绿植被景观，并解决好种间关系，确保植被群落健康生长与稳定。

以狗牙根、田菁、黑麦草和宽叶雀稗等草本植物先锋植物代表，马尾松、湿地松、刺槐、大叶女贞为乔木植物代表，以苎麻、木豆、盐肤木为灌木作为后期优势植物种，进行植物群落配置。

该项目区域 A 和区域 B 为坡面复垦工程，复垦设计如下：1）水平条沟栽植灌木和乔木，横间距 2m，间植女贞、杜鹃、盐肤木、红叶石楠、木豆、马尾松、刺槐。2）坡面撒播草籽，混播，选用黑麦草、苜蓿、田菁、金鸡菊、波斯菊、宽叶雀稗、木豆、狗牙根、苎麻、刺槐、盐肤木、紫穗槐等，用量 50kg/hm²，见图 3-14 和图 3-15。

植物选择名录

表 3-1

科	种名	学名
禾本科	狗牙根	*Cynodondactylon（L.）Pers.*
	宽叶雀稗	*PaspalumdistichumL.*
	黑麦草	*LoliumperenneL*
豆科	苜蓿	*MedicagolupulinaL.*
	白三叶	*Trifolium*
	紫穗槐	*Amorphafruticosa*
	田菁	*Sesbaniacannabina（Retz.）Poir.*
	木豆	*LespedezabicolorTurcz*
	刺槐	*RobiniapseudoacaciaLinn.*
菊科	波斯菊	*XanthiumsibiricumPatrinexWidder*
	金鸡菊	*KobresiasetchwanensisHand.–Mazz*
其他科	马尾松	*Pinusmassoniana*
	湿地松	*pinuselliottii*
	红叶石楠	*Photiniafraseri*
	香樟	*Cinnamomumbodinieri*
	杜鹃	*Rhododendronsimsii*
	女贞	*Coreopsisdrummondii*
	苎麻	*Boehmerianivea（L.）Gaudich.*
	盐肤木	*RhuschinensisMill.*

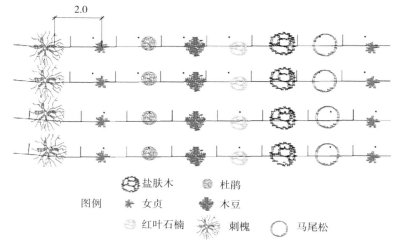

图 3-14 边坡复垦水平条沟栽植乔灌木平面示意图

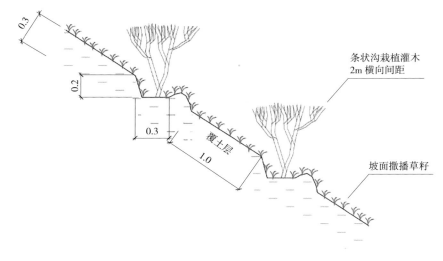

图 3-15 边坡复垦水平条沟栽植乔灌木断面示意图

3.2 水体生态修复

3.2.1 总体要求

水生态修复是遵循生态学原理，对于短期不能自我修复的，借助人工措施对受损的水体生态系统的生物群体和生态结构修复，提升水体自净能力，构建水体生态系统。城市水体生态修复的目标对象主要包括城市河流、湖泊、湿地、坑塘等。

公园城市导向下的水体生态修复，应协同生态要素、景观要素和资源要素，兼顾水生态效应、景观效应和资源利用效率等多目标，构建安全、宜人、健康的水生态系统，在治理水体污染的同时，以水为脉，打造蓝绿融合、人水城和谐共生的生态景观，实现水与城、城与人、人与水、水与自然的和谐相处。城市水体生态修复应坚持"标本兼治"的基本原则，从"源头减排、过程控制、系统治理"入手，采用经济合理、切实可行的技术措施，恢复水体自然形态，改善水环境与水质，提升水生态系统功能，打造滨水绿地景观。

3.2.2　工程技术

在"多目标多要素协同的城市生态修复关键技术研究与应用"项目中，基于生态 – 景观 – 资源多要素联动，研发了新型生物滞留设施、强化微生物治理黑臭水体生态驳岸、折流式跌水人工生态湿地等多项关键专利技术，治理水体污染的同时，营造人水城和谐共生的生态景观。编写组成员单位在工程实践中，将多目标多要素协同的河流生态景观柔性设计技术、水环境生态净化技术、动物栖息地营造技术、创新科普宣教装置等一系列行之有效的水体生态修复技术，应用于五源河综合整治工程，成效显著。

2016 年海口市在"固坡护岸，行洪排涝"的传统治理方式不能满足新时代水生态优质产品需求的情况下，立足长远发展、创新治理方法，开展实施了"五源河河流生态修复工程"，将"三面光"硬质河流全部重新恢复成自然河流形态，把生态治水、河长制、海绵城市和湿地保护恢复有机结合，构建可持续的"库塘 – 河流 – 近海海岸"生态系统，让自然做功，实现五源河从单一防洪向综合生态治理的转变。与此同时，海口市以习近平新时代中国特色社会主义思想为引领，践行城市绿色发展理念，将五源河打造成为"水清、岸绿、景美、民乐"的国家级湿地公园，全面提升社会、经济、生态效益。五源河的生态治理已成为"生态水利工程 + 湿地公园"的典范，生态修复后实景见图 3-16。2018 年，五源河河流生态修复工程入选生态环境部、住房和城乡建设部联合开展的城市黑臭水体整治专项的全国黑臭河流生态治理十大案例之一；被海南省水务厅选为优秀案例在全省推广。

1. 河流生态景观柔性设计技术

五源河生态修复工程将水利防洪安全、城市市政功能与河流湿地生态功能相结合，采

图 3-16　五源河生态修复后实景图

用柔性植物岸带技术，修复河流的横纵空间形态，重建"河道－深潭－浅滩－沙洲"系统，应用乡土植物群落净化水质、完善生态功能。

基于不影响河流行洪功能和清淤疏浚工作的原则，在平面、横断面及纵断面上，进行河流基底形态的重塑设计。利用地形挖填、石笼护岸稳定边坡、覆土堆滩等方式恢复河道原有弯曲的岸线形态。河道内部重塑深潭、浅滩，布置一些洲、滩等湿地单元结构，提升河道的生境多样性。

在河流平面设计上恢复河流的自然蜿蜒。自然弯曲的平面形态可使河流削峰降能、减缓流速、降低对护岸的冲刷强度。河道曲线可为各类生物创造适宜的生境，如河湾、凹岸处可以为生物提供繁殖的场所，过洪时还可作为避难场所。因此，设计中在不影响河道行洪能力的前提下，保护河流的自然弯曲线型，或顺应已硬化河道的历史淤积情况，随弯就势地整理岸线，局部调整和挖填。河流基底形态塑造过程，见图3-17。

河流断面设计应避免单一化。在横断面设计上要"宽窄"相宜，纵断面设计也要深潭浅滩系统相结合。对于弯曲河流来说，一般可在弯曲的凹岸处适当增加下部挖深，在下个相邻弯曲的区间段填补部分浅滩，辅以一些石块加以稳定。水流经过大小不同的断面、高差不等的段落，或经过撞击碎石，不同的过水断面能使流速产生变化，增加曝气，提高水体溶氧量。在河道内部局部地区，遵循河流的历史演变痕迹，构建还原部分沙滩、沙岛，为河流生物、鸟类提供栖息条件。多样化的河流面貌，有利于形成多样化的生物群落，产生多变的河道生态景观。河流生态设计示意图，见图3-18。

深潭－浅滩：一个结构单元的设计约为河宽的5~7倍，可营造出多样的水生生物生存环境，急流浅滩可增加水中氧气，附着在浅滩上的藻类可

图3-17　河流基底形态塑造过程照

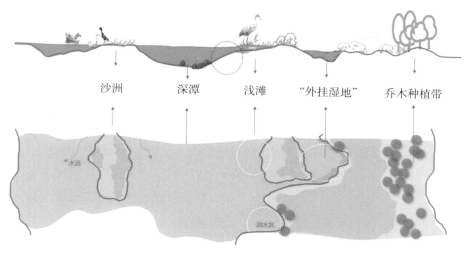

图 3-18　河流生态设计示意图

为特定的水生生物提供食物，也可以改善鱼类的通道。

沙洲：增加河中沙洲，且应顺应水流方向，可改善河流结构，为涉禽提供暂时的停留地，也可为两栖动物提供适宜的生活空间。

河滩洼地：增加河滩洼地，丰富河流结构，还能对面源污染进行一定程度的拦截。

河道抛石：在河道内部设计抛石（如火山岩），由此可形成河水急流和静水域交混地带，增强水文变化，形成多变的河道空间，提升河流水生生物多样性。

生态丁坝：用现有的火山岩建造丁坝，不仅控制水流相，在其上游形成回流和泥沙淤积，还能实现生态效应。

遵循生态位和生物多样性原则，选择当地原生植物进行植物配置，且考虑不同植物对岸带水深变化范围的承受能力。另外，设计留有约 30% 空白空间，来维持野生植被的自然演替，以达到良好的护坡和生态效果。本项目区域在五源河入海口向南约 500m 处存在潮水返潮现象，有约 50cm 的消落带，在此处设计创造了丰富的生境空间，将红树作为生境元素使用，分层种植，先锋区即前源区以真红树为主，缓冲区即后源区以半红树为主。在纵向河道上，按照盐分特征穿插种植以比较耐水淹的桐花树为主的植物，在横向分前缘和后缘区种植红树为主，为螺类、蟹类及鸟类等提供良好的栖息地，营造了泥滩一片生机。局部开天窗，营造鱼类的庇护所。

2. 水环境生态净化技术

原五源河水环境综合治理项目，包括建立沿河截污干管、河道清淤等工程。2017 年，随着截污管线整治工程的实施，对沿河点源污染全面拦截，整体河流水质有明显好转，但还达不到地表Ⅲ类水的标准。地表径流还是会携带一部分的污染物进入水体，另外还存在一些人为干扰。因此，需从多方面加强河流系统的截污净水能力，集成利用先进的生态设施和技术，恢复并保持河流水域生态系统的健康、平衡和稳定。

河岸带是入河面源的第一道防线，至关重要。沿河岸带的地形设计摒弃传统的平直斜面形态，以海绵城市理论为基础，打造高低起伏，有导流目标的生态地形，通过延长水流对地表的冲刷时间及控制径流走向，避免形成垂直冲沟，同时也为湿生植物、喜阴昆虫提供良好的生长、生存空间，同时兼具自然美、生态美的特性。

结合岸坡地形在坡顶处沿岸设计了生态草沟，这是一种能对地表径流进行净化的线形生物结构，可以有效拦截、净化雨水。当雨水或生活污水流经生物沟时，草沟内种植地被草本植物对雨水和污水中的微颗粒吸收过滤，使之下渗到地下碎石盲沟，起到净化水质的作用，同时也为生物提供了良好的庇护场所和栖息场所。另外，位于树下的凹形洼地，也是一种生物滞留设施，用于雨水下渗补充地下水，具有一定的净化雨水和消减峰值的作用。

五源河国家湿地公园共有野生维管束植物 96 科、318 属、427 种，其中蕨类植物 7 科、8 属、10 种，被子植物 89 科、310 属、417 种。在 96 个科中，禾本科 Gramineae 和菊科 Compositae 植物的种数是最丰富的，分别有 29 属 36 种和 27 属 35 种，其次是豆科 Leguminosae 有 19 属 26 种，大戟科 Euphorbiaceae 有 17 属 24 种；其余含有 10~20 种的科依次有桑科 Moraceae、锦葵科 Malvaceae、蓼科 Polygonaceae、芸香科 Rutaceae、茜草科 Rubiaceae、茄科 Solanaceae、马鞭草科 Verbenaceae、莎草科 Cyperaceae。在 318 个属中，含 5 种以上的属有 7 个，占总属数的 2.20%，共有 44 种，占总种数的 10.29%。其中种数最多的属为桑科榕属 Ficus 9 种，是构成热带季雨林中常见的重要属种，其次是蓼属 Polygonum，莎草属 Cyperus、黄花棯属 Viola Sida 等。五源河国家湿地公园的植物生活型主要有乔木、灌木、草本和藤本 4 类。其中，乔木 81 种，灌木 62 种，草本 239 种，藤本 46 种，分别占物种总数的 18.93%、14.49%、55.84% 和 10.75%（表 3-2）。

五源河国家湿地公园维管植物类群统计表　　　　　　　　　　　　　　　　表 3-2

植物类群		科	占总科数比例（%）	属	占总属数比例（%）	种	占总种数比例（%）
蕨类植物门		7	7.29	8	2.51	10	2.34
被子植物门	双子叶植物纲	75	78.13	250	78.62	333	77.99
	单子叶植物纲	14	14.58	60	18.87	84	19.67
合计		96	100.00	318	100.00	427	100.00

3. 动物栖息地营造技术

湿地的生物多样性非常丰富，其间生长栖息着众多的植物、动物和微生物，是多种珍稀水禽的繁殖地和越冬地，是重要的物种基因库。

水鸟是国际公认的湿地质量的指示生物，水鸟多，则湿地质量高；湿地质量高，则会吸引更多的水鸟。由于自然环境、国土资源、生产和生活方式等原因，我国领域内停留的水鸟主要依赖自然生态系统生存。鸟类栖息地是一个自然的或人造的区域，为许多鸟类提供食物和水的环境。安全的筑巢地点、躲避恶劣天气和捕食者的庇护所是鸟类栖息地的主要要求。鸟类栖息地的营造，首要工作是分析选取目标鸟类，根据其觅食、繁殖、栖息等需求复制还原自然鸟类生境。一个受保护的安全筑巢区有助于加强和维持鸟类种群。大部分天然的鸟类栖息地的主要优势在于能提供整个季节的庇护场所。许多鸟类的筑巢区域是特定的，有些种类的鸟喜欢在高高的树梢或电线杆上筑巢，而有些种类的鸟则直接在地面上筑巢，或者在崖壁，还一些水鸟直接在海滩上筑巢，靠近食物来源。人造鸟类栖息地需要足够的食物吸引鸟类，比如种植浆果类植物、鱼虾数量充沛，同时设计时，应注意要以保护当地鸟类为重点。

五源河河流生态修复项目中充分利用河流沙洲、滩岛、湿塘、植物群落种植来重建鸟类生境，再适当地辅以一些巧妙的鸟类栖息装置，提高吸引度和积极性。如在河畔放置一桩枯木就能为鸟类提供短暂的停留，还可为贝类、螺类提供良好的栖息地，待年代长久，木质孔隙度变大，部分营养元素分解出来，在局部形成微小的生态系统。项目中还利用了一种将站鸟桩与生态浮岛结合的先进装置，其整体具较高的稳定性与生态性，同时兼顾鸟类栖息和水质净化功能，见图3-19。

值得一提的是，五源河河边设计种植了一棵冠幅膨大、树叶优美的"孤景树"——大叶榄仁，它是海口当地的一种乡土树种，因其喜高温多湿、抗风力强，成为多种动物的栖息场所，其种于水畔，形成水边树荫，防止水温过高，成为了许多鱼儿避难场所和名副其实的"水荫树"。

项目中还创新了一种过河汀步的技术做法，用粒径大小不同的块石按照上下分层的方式依次铺砌，使得汀步在不影响游人通行的情况下保证生态系统的连续性，起到"鱼道"功能，对恢复水体生物多样性及保护物种迁移起到了积极的作用。这种生态汀步的做法正是受到当地的传统智慧工程——"火山石蛇桥"的启发。

人工生物塔是以废弃材料制成的立体塔式生境结构，利用多层、多结构、多单元、多空隙原理在不同层次、不同小单元立体种植多种植物，形

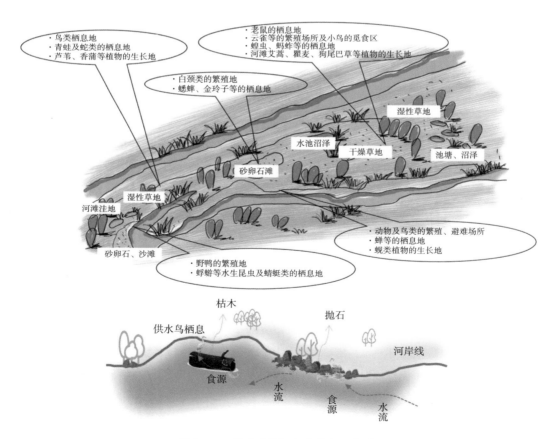

图 3-19　营造动物栖息地特征示意图

图 3-20　五源河国家湿地公园动植物生境分布图

成植物立体空间，为蜜蜂、甲虫等昆虫提供庇护生境及营巢生境的建筑。它不仅为动植物提供了栖息场所，还是合理利用资源，变废为宝的一种体现，也是一种别具特色的湿地景观。

据调查统计，五源河国家湿地公园规划区内共有野生脊椎动物 25 目 66 科 154 种，其中哺乳类 5 目 8 科 11 种、鸟类 9 目 31 科 82 种、爬行类 1 目 4 科 8 种、两栖类 1 目 4 科 9 种、鱼类 9 目 19 科 44 种。鸟类是湿地公园动物资源的主要构成，居留型分为 3 种类型：留鸟、夏候鸟和冬候鸟（有些种类具有两种居留型），留鸟和冬候鸟是该规划区鸟类区系的主体（图 3-20）。

规划区内有国家 II 级重点保护野生动物 10 种，分别为鸟类 9 种：红原鸡 *Gallus gallus*、褐翅鸦鹃 *Centropus sinensis*、小鸦鹃 *Centropus bengalensis*、凤头蜂鹰 *Buzzard Pernis*、黑翅鸢 *Elanus caeruleus*、褐耳鹰 *Accipiter badius*、普通鵟 *Buteo buteo*、红隼 *Falco tinnunculus*、游隼 *Falco peregrinus*；两栖类 1 种：虎纹蛙 *Hoplobatrachus chinensis*。

4. 创新科普宣教装置

遵循保护优先、合理开发利用湿地资源原则，从人民群众的需求出发，本项目设计建设了滨水绿道网络，同时根据河流地势情况，设计了观赏平台、科普长廊等亲水设施。以水为脉，结合硬件设施，着重打造了多个生态科普场景，旨在将河流湿地的生态故事更好的传递给大家，将含蓄的、野性的生态美直接地讲出来。

项目中应用了一种场景体验式科普装置技术，利用园林废弃物材料，将声音、智能感应装置、展示融合创新，形成视觉、听觉、触觉的多维度体验，以更加多元的方式进行科普宣教，是一种具有体验功能的、寓教于乐的新型生态科普装置。此外，还有一种树状科普装置技术，将新能源与功能设施的创新性结合，在白天和夜间均能为游客提供集中、多角度的科普展示服务，实现了节能环保、成本控制和资源整合的多重效益，领先于行业发展。

3.3　废弃地生态修复

3.3.1　总体要求

随着我国城市规模不断扩大，城市垃圾填埋场、工业污染场地、采煤塌陷地等各类废弃地占我国城市土地的比重越来越大，不仅占用着宝贵的土地资源，更对城市建设和居民的生活造成了各种负面影响。我国城市废弃地具有数量巨大、对生态环境破坏类型多样的特征，生态修复涉及生态、人文、景观、修复等多个方面。公园城市指引下的城市废弃地生态修复是基于生物多样性保育和土地资源再利用原则，建立相应的修复技术体系，指导恢复因人类活动所破坏的生态系统，从而将受损的生态系统恢复到接近开发利用前的自然状态，或重建成符合城市发展的某种有益用途，并与其周围环境相协调的其他状态。

城市废弃地修复应充分考虑以下三方面：一是场地污染治理。由于原有场地用途的复杂性，废弃地往往存在多种污染源的交叉污染。因此，应对受污染土质进行全面的、科学的、系统的调查与检测。测定其中的污染成分，并根据具体情况采取相应的清除措施。二是生态恢复。城市废弃地景观不应是衰败、丑陋的，而应通过科学的修复再生措施，赋予其新的生态环境和美学价值，使其成为城市生态空间和文化的重要组成部分。对场地特征有选择性的保留不仅可以展示历史的痕迹，更可以节约材料，减轻场地对环境、材料的压力。三是场地功能的转换。废弃地生态修复不仅要恢复生态使其成为城市新景观，同时，在这种场地功能转换过程中还应充分考虑在景观尺度上所带来的舒适度、新颖度，为人们提供应有的娱乐、锻炼、休闲、科教、生产的场地。

3.3.2　工程技术

废弃地的修复主要针对因采矿、工业和建设活动挖损、塌陷、压占（生活垃圾和建筑废料压占）、污染及自然灾害毁损等原因而造成的废弃地，如垃圾填埋场、采煤塌陷地、工业污染场地等。目前，通过对废弃地立地条件类型调查评估与规划，制定合理的地质灾害隐患防治与环境治理方案，结合地形重塑与水系整治技术、土壤重构技术、植被重建与景观提升、工程实施、验收维护、动态监测与评估等成为废弃地生态修复的重要技术手段。本章重点介绍课题中针对的垃圾填埋场生态修复、采煤塌陷地生态修复、工业污染场地生态修复等废弃地类型采用的技术。上述技术被应用于德兴铜矿生活垃圾堆放场、徐州青山泉镇采煤塌陷地等多个废弃地生态修复项目中，实现了废弃地的生态保护修复，大大提升了城市生态景观环境和品质，促进了资源型城市绿色发展转型，取得了良好的效果。

1. 垃圾填埋场生态修复技术

德兴铜矿生活垃圾堆放点由德兴铜矿从 2004 年前后开始陆续倾倒形成。垃圾堆体占地面积 $1.25 \times 10^4 m^2$，体积约 $12.04 \times 10^4 m^3$，以生活垃圾为主，夹杂少量建筑垃圾、其他垃圾。堆体现状高差接近 40m，垃圾堆体形成的边坡坡度较陡，边坡倾角局部达到 65°，渗滤液沿着沟谷流入德兴铜矿 2 号尾矿库。

德兴铜矿生活垃圾堆放点综合整治工程，根据垃圾堆放点地形地貌、垃圾堆体规模等实际情况，采用原位封场 + 垂直防渗工艺，通过垂直防渗、拦挡坝以及堆体表面封闭系统，使垃圾堆体周围形成一个完全封闭的独立区域，防止垃圾堆体产生的污染物扩散。治理后的堆体内产生的渗滤液通

图 3-21 德兴铜矿生活垃圾堆放点修复前

图 3-22 德兴铜矿生活垃圾堆放点修复后

过渗滤液提升井集中处理达标后排放。堆体外围的地表径流通过清污分流设施有序排向堆体下游。堆体内部通过设置气体收集井和水平集气盲沟，将堆体内部产生的气体排出。在整形之后的垃圾堆体表面和四周设置位移和地下水监测等设施，保障垃圾堆体的安全、稳定，见图 3-21 和图 3-22。

（1）截渗设施及拦挡坝工程技术

地下垂直截渗：垃圾堆放点产生的渗滤液采取就地沿原填埋库区周围采取截渗措施，即在填埋库区周围结合库底弱透水层建立垂直防渗体系，防止垃圾渗滤液对周围地下水和地表水的进一步污染。结合项目地质条件以及地下水的类型，本项目垂直截渗采用下幕上墙的形式。强风化岩层采用水泥浆进行帷幕灌浆。含碎石黏土层采用素混凝土灌注桩咬合成墙，见图 3-23 和图 3-24。

地上拦挡坝工程：根据垃圾堆放点地质条件，选择施工相对简单的碾压土石坝。根据地形，在山谷西北侧出口位置设置一座拦挡坝。拦挡坝坝顶宽度 3m，坝高 25m，下游边坡坡比为 1 : 2，上游边坡坡比为 1 : 1.5。坝基坐落于含碎石黏土层，坝基开挖深度 2m。坝体结构，见图 3-25。

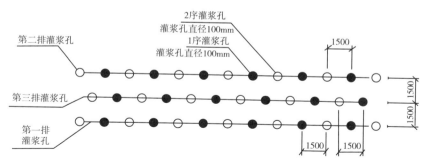

图 3-23　帷幕灌浆平面示意图

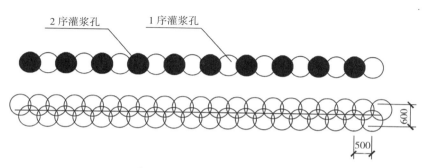

图 3-24　混凝土灌注桩示意图

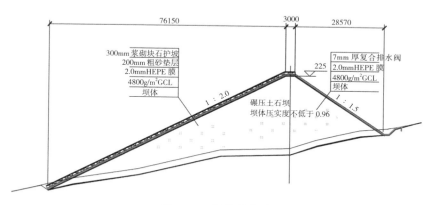

图 3-25　坝体结构图

（2）边坡整治技术

对德兴铜矿生活垃圾堆堆体进行整治处理，使其边坡坡度符合稳定性要求，且整形后坡面平整，便于后续封场、绿化、道路和平台等工程实施。堆体整形严格按不大于 1 : 3 的坡度进行，结合封场道路和平台，考虑削余垃圾的堆填方式和范围，以挖、运、填、压等整形修复工艺为主，推、

图 3-26 垃圾堆体边坡整形示意图

上游清污分流设施
垃圾堆体整形
拦挡坝 + 截渗墙

图 3-27 垃圾堆体边坡整形施工过程照片

移为辅。堆体整形与处理后，库区最高点向四周按 5% 坡度放坡，使垃圾堆体保持稳定，不出现滑移，见图 3-26 和图 3-27。

（3）垃圾渗滤液收集与导排收集处置技术

垃圾渗滤液是造成堆体不稳定的主要因素之一，含有浓度极高的重金属、硫化物、有机卤化物、无机盐等，使周围水质混浊、恶臭、大肠菌群超标，严重污染水体。因此，封场后的垃圾场须设置有效的渗滤液收集导排系统将其收集起来处理。渗滤液收集导排系统包括水平收集盲沟、垂直石笼、渗滤液收集池、渗滤液提升井，见图 3-28。收集后的渗滤液进行统一运输、处理，达标后排放。

（4）填埋气体收集导排技术

垃圾填埋场在厌氧条件下会产生大量填埋气体，其中以温室气体 CH_4、CO_2 为主，夹杂少量 H_2、N_2、H_2S 等。德兴铜矿生活垃圾堆产生的填埋气体不足以供发电和作燃烧使用，因此，通过垂直集气井和水平集气盲沟将其收集后排出，并在堆体附近设置监测器，实时监测填埋气体成分、产量及变化（图 3-29）。

（5）清污分流技术

通过清污分流系统，进行填埋库区、库区外部和内部雨污分流，减少渗滤液产生量。库区与外部充分利用上游现有道路和路边排水沟，将整个填埋区与场外分开，收集填埋库区以外的雨水，并将其快速排向堆体两侧山沟。库区内部通过堆体表面的封闭系统以及纵横向排水沟实现雨污分流。

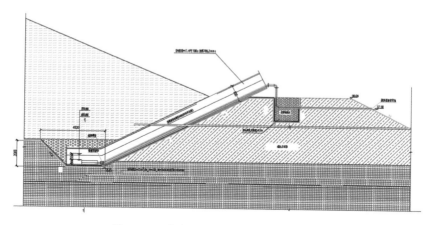

图 3-28　渗滤液收集与导排收集示意图

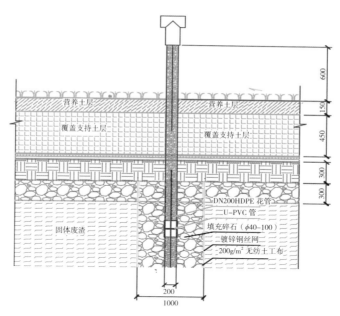

图 3-29　垂直集气井结构图

（6）封闭技术

封闭系统能使填埋场处于良好的封闭状态，确保封场后的日常管理、维护，以及后续终场规划的顺利实施。通过封场覆盖系统，防止地表水进入填埋区增加渗滤液产量。同时控制填埋气体向上迁移，防止填埋气体无组织释放。根据《生活垃圾卫生填埋场封场技术规范》GB 51220—2017 对填埋场封场覆盖系统的相关技术要求，本项目封场覆盖系统结构为：排气层、防渗层、排水层、植被层，见图 3-30 和图 3-31。

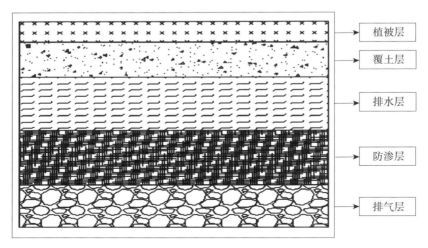

植被层

覆土层

排水层

防渗层

排气层

图 3-30　封闭系统结构图

图 3-31　封闭系统施工过程

（7）土壤改良技术

通过调控微生物群落以及添加合理的改良材料等土壤改良技术对土壤进行靶向修复改良，采用比表面积大、吸水快、储水久的柔土生物水肥仓，促进植物根系吸收；采用柔土土壤活化剂提升土壤有机质含量，改善植物根际营养环境，增加土壤有效养分含量，调节土壤酸碱度，增加土壤有益微生物种类和数量；采用柔土固结纤维保持地温、吸附并储存降雨，为植物正常生长发育营造适合的土壤环境，解除土壤限制因子，见图 3-32。

（8）植被恢复与景观提升技术

在德兴铜矿生活垃圾堆放点植被恢复中引入"近自然"概念和"生态位"概念，通过对德兴铜矿生活垃圾堆放点周边自然植被进行调查，筛选出抗逆性强、生长速度快、耐贫瘠的特色乡土植物，模拟自然群落，配置群落结构稳定、生态位合理、物种多样性丰富、能够正向演替的近自然人工植被群落。通过预培后再栽植，既缩短植被恢复时间，又能使德兴铜矿生活垃圾堆放点恢复植被与周边自然环境融为一体，见图 3-33。

封场处理后，通过覆土，栽植特色乡土抗逆植物，使垃圾堆体快速复绿，形成稳定的近自然群落，植物生长稳定，群落自然演替，见图 3-34 和图 3-35。

图 3-32　土壤改良材料

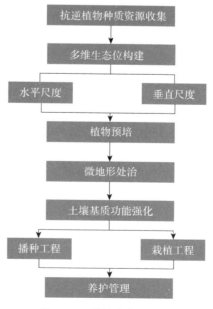

图 3-33　植被恢复流程图

图 3-34　绿化效果

图 3-35　景观效果提升

图 3-36　地下水监测点

（9）监测系统

环境监测是垃圾堆放点治理的重要组成部分，本项目对垃圾堆体周围的水、大气、土壤进行监测，以检测治理后的场地恢复情况并进行环境评价，见图 3-36。

2. 采煤塌陷地生态修复技术

青山泉镇采煤塌陷地位于江苏省徐州市贾汪区青山泉镇西部，面积达5000 余亩（约 3.3km²）。该塌陷地紧邻镇区边缘，对自然环境、居民的生产、生活及城市的空间发展都产生了一系列影响。基地内有因采煤采空塌陷而形成的大面积的积水区，并有一定面积的零散积水。总积水面积达 360余亩（约 0.24km²），积水深度约 3~5m。良田变荒地，水系遭破坏，青山泉镇采煤塌陷地成了块惨不忍睹的"地球伤疤"。徐州市贾汪区采煤塌陷地分布和青山泉镇采煤塌陷地原貌，见图 3-37 和图 3-38。

青山泉镇塌陷地生态修复以"还青山泉青山绿水，建青山泉花园城镇"为理念，力求实现恢复青山绿水，促进经济发展，生态、社会、经济效益共赢的总目标。

（1）地貌重塑与土壤重构技术

土壤基质的改良是采煤塌陷地生态修复的基础工程，运用工程手段实现地貌重塑与土壤重构，通过"挖低垫高、削高填低、扩湖筑岛"

图 3-37　徐州市贾汪区采煤塌陷地分布图

图 3-38　青山泉镇采煤塌陷地

等具体措施，形成植被生长与生物重建的基床。针对采煤塌陷地范围内不同性质的用地，应采用不同的土壤生态复垦技术进行环境整治与生态修复，坚持宜农则农、宜林则林、宜渔则渔、宜生态则生态。

农耕用地的地貌重塑技术包括：①对土地进行平整，做到削高填平、划方整平；采用"生物疗法"处理污染土壤，增加土壤的腐殖质，增加微生物的活动；种植能吸收有毒物质的植被，使土质逐步改善。②修缮农田基础设施。对因土地塌陷而被损坏的农田水利排灌设施、农田道路桥涵等加以修复，或根据复垦格局的调整重新配套，以保障现代农业生产的需要。

针对采煤塌陷地范围内水系重塑，一方面，打通区域内的水系，将工业水渠、排洪沟与塌陷积水区连通，达到提高抗洪能力和补充地下水源，为野生生物创造连续的生态活动廊道的目的；另一方面，在积水区对积水较深的大水面进行岸线整治，按照生态学的食物链原理进行合理组合，培育具有景观功能和强净水能力的水生植物群落，在改善水质的同时进行围堰分割，修建精养渔塘，发展"农—渔—禽—畜"综合经营的生态农业。采煤塌陷地水域的综合利用示意，见图 3-39。

（2）生态农林景观重建技术

生态农林景观的构建主要从两方面考虑：一方面，因地制宜地打造连片规模的林业种植基地，在保护生态环境的同时，形成林业育苗与防护林地结合的农业经济，大片林地的形成对塌陷地范围内的景观塑造也助益良多。青山泉镇采煤塌陷地内已有农民自发复垦的土地，主要以小麦种植、大棚种植和人工林木培植为主，对其适当引导与规划，充分发挥其农耕效益。另一方面，配合农耕用地的再开发，结合塌陷地塑造农业新景观，建设精品观光采摘农园、农庄民宿、休闲渔业设施等，改变结构单一的农耕经济发展模式。生态农林部分景观重建，见图 3-40。

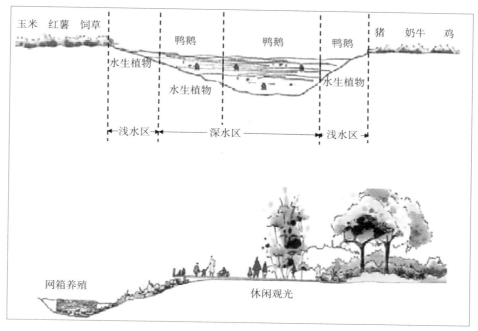

图 3-39　采煤塌陷地水域的综合利用示意图

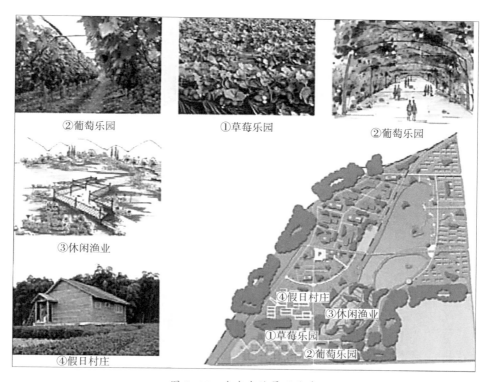

图 3-40　生态农林景观重建

（3）水域景观重建技术

水域景观的开发构建主要以水上公园和湿地公园为主。将水系整治与青山泉镇整体水系进行统一考虑，在对积水区形成的湖泊进行岸线整理和景观设计的基础上，以丰富的自然树林为面，以长距离的散步道为线，将各设计景点串联，同时与塌陷地南部的湿地景观相结合，建立观赏水景，使居民在散步和骑自行车郊游时，能够和大自然亲密接触，形成整体景观风貌自然、怡人的水域综合景观。在开发水域景观的同时，配合开发商务楼、酒店、宾馆、娱乐会所等现代服务产业场所，打造集赏、娱、憩、购于一体的新的休闲娱乐场所，促进当地经济发展。水域景观重建，见图3-41。

（4）生态居住区重建技术

生态居住区的构建核心是开发建设生态型住区，改善人类居住环境、推进生态城市建设。生态型住区应与镇区居住片区衔接并有机融合，既拓展、延续了城市的发展空间与居住空间，也创造了更适宜居住的环境，满足了居民的生理、心理需求，促进了人居环境的可持续发展。生态居住区重建，见图3-42。

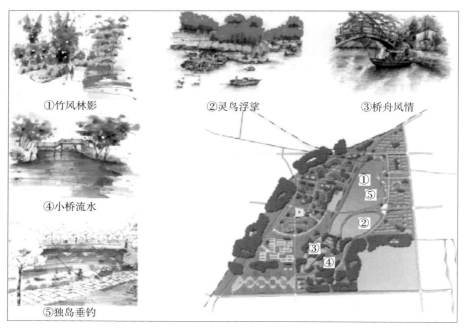

①竹风林影　　②灵鸟浮掌　　③桥舟风情　　④小桥流水　　⑤独岛垂钓

图3-41　水域景观重建

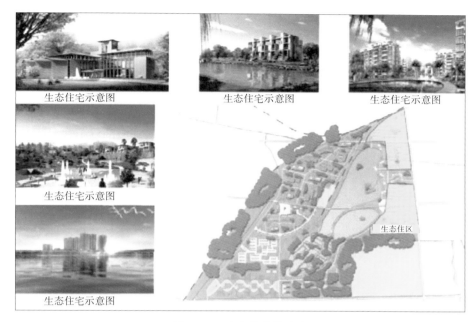

生态住宅示意图　　　　　　　生态住宅示意图　　　　　　　生态住宅示意图

生态住宅示意图

生态住区

生态住宅示意图

图 3-42　生态居住区重建

3. 工业污染场地生态修复技术

工业污染场地生态修复核心是用物理、化学和生物等一种或多种方法，吸收、转移转化或降解场地土壤或地下水中的污染物，将其中有毒有害的物质转化为无毒无害的物质，使工业场地中的污染物浓度降低至环境标准以下的水平。

广东省某厂区主要生产白砂糖和酒精，此外还生产加工编织袋、中密度纤维板、服装、摩托车零部件等，生产过程中涉及压铸、切片、冲压成型、硫化、焊接、精磨、冲洗等环节，造成了严重的土壤和地下水重金属污染。杭州某大型油漆油墨厂主要从事醇酸树脂、各类成品油漆及辅助材料漆类的生产，工厂搬迁后场地存在严重的重金属、苯系物及石油烃复合污染。北京某焦化企业主要生产工业原料焦炭、焦油和煤气等，生产过程中焦油渗漏导致深层土壤以及饱和层土壤严重污染，主要污染物包括多环芳烃和苯。面对复杂的工业污染场景，应联合采用多种重金属、有机物污染土壤及地下水修复技术进行协同处置，才能取得良好的修复效果。工程实施前期，需要对该场地开展全面的环境调查与风险评估工作，确定土壤和地下水的污染种类、污染程度和污染修复范围，并提出土壤修复目标值，为后期场地综合治理、工程实施和验收提供依据。

（1）固化—稳定化技术

针对重金属污染的土壤，采用固化—稳定化技术修复。固化剂与工业污染场地土壤中的污染物结合，并借助物理、化学或热力学过程来降低污染物在环境中的活性，从而使污染物长期处于稳定状态。常用的固化剂有氢氧化钠、氧化钙、飞灰、粉煤灰、磷酸钙镁、碳酸盐、硅酸盐、硫化物、磷酸盐、铁盐、矿物材料、黏土以及一些新型的高分子螯合物等。不同的药剂对不同重金属的稳定效果存在差异，常见的固化剂及其针对的重金属种类，见表3-3。

固化—稳定化技术修复重金属污染土壤具体技术流程为：污染土壤清挖→预处理→稳定化处理→暂存养护→自检→堆存待验收→阻隔回填。稳定化操作流程示意图，见图3-43。

①异位修复作业区建设

污染土壤清挖后运输至就近区域建设的异位修复作业区进行暂存、预处理和稳定化处置。对修复作业区内场地平整清理，并用水准仪地面找平、划线，自下而上依次铺设"两布一膜"（其中HDPE膜厚度1.5mm）和20cm厚混凝土，建设防渗层防止污染物下渗。防渗层建设现场图见图3-44。

②污染土壤清挖和预处理

污染土壤清挖采用机械清挖（挖掘机）为主，人工清除为辅。清挖出的污染土采用专业筛分混合设备（Allu筛分破碎斗）进行破碎、筛分等预处理，确保筛下物粒径＜5cm。大的石块和杂物等运至冲洗区冲洗，待检

土壤重金属固化剂   表3-3

分类	固化剂	重金属
黏土矿物	蒙脱石、膨润土、沸石、海泡石等	Cd、Pb、Ni、Cu、Zn、As
钙物质	石灰、石膏、碳酸钙镁、硅酸钙等	Cd、Pb、Cu、Zn、Ni
磷酸盐	钙镁磷肥、磷矿粉、羟磷石灰、磷灰石、含磷基肥等	Cd、Pb、Zn
铁盐/铁锰氧化物	硫酸亚铁、硫化亚铁、氧化锰、铁锰氧化物等	As、Cu、Zn、Cd
生物炭	秸秆炭、果壳炭、黑炭等	Cd、Cr、Pb、Ni、Cu、Hg、Zn、As
有机肥料	有机堆肥、禽畜粪便、污泥堆肥等	Cd、Cr、Pb、Ni、Cu、Zn

测合格后直接填埋。污染土壤采集预处理现场，见图 3-45。

　　③污染土壤与药剂混合

　　当污染土的含水率和粒径达到稳定化混合设备进料要求时，分批次向污染土中投加稳定化药剂，并采用 Allu 筛分混合设备对药剂和污染土充分混合。

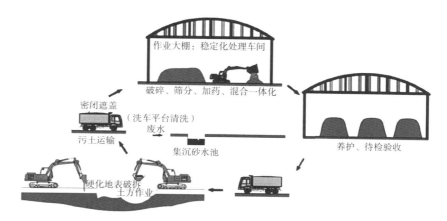

图 3-43　稳定化操作流程示意图

图 3-44　防渗层建设

图 3-45　污染土壤采集预处理

④堆置养护

药剂与污染土混合处理后，转运至待检区堆置成长条土垛养护，用防尘网和防雨布苫盖，定期检测样品含水率并及时洒水，使混合土壤含水率保持在 25%~30% 之间。

⑤检测验收

将达到养护标准的污染土和药剂混合物样品送至具有相关检测资质的第三方检测机构分析检测，重金属浸出浓度达到规定的相关标准，即为验收合格。

⑥阻隔回填

修复后污染土经第三方验收合格后，运输至阻隔回填区回填处置。阻隔回填区防渗结构采用钢筋混凝土结构，并铺设两布一膜防渗衬层，回填土压实后在其上表面敷设两布一膜和钢筋混凝土盖板，盖板上面覆盖清洁土压实至场地原始标高，见图 3-46。

（2）化学氧化技术

对石油烃、BTEX（苯、甲苯、乙苯、二甲苯）、多环芳烃等有机物污染的土壤，采用异位化学氧化法处置。通过氧化作用，使土壤中的污染物转化为无毒或相对毒性较小的物质。常见的氧化剂包括高锰酸盐、过氧化氢、过硫酸盐和臭氧。

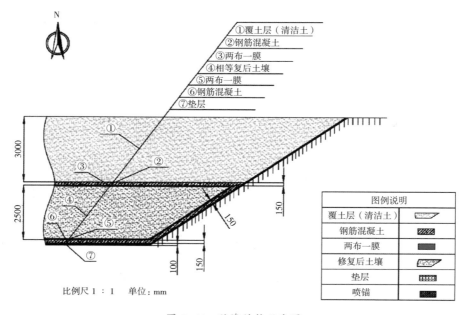

图 3-46 防渗结构示意图

异位化学氧化修复有机物污染土壤主要包括几个步骤：①土壤挖掘暂存；②土壤破碎筛分，剔除建筑垃圾；③氧化药剂配制；④药剂喷洒及充分搅拌混合；⑤静置反应。异位化学氧化法处理流程，见图 3-47。

使用挖掘机对污染土壤分区清挖，在场地内短驳到密闭钢结构大棚内，使用进口破碎筛分铲斗筛除建筑垃圾，同时破碎掉大块土块。使用芬顿试剂作为强氧化剂进行预处理，消除异味，投加药剂时挖掘机配合搅拌均匀，然后运至作业区进行筛分处置，添加氧化药剂搅拌，分解土壤中有机物，自检合格后转运至待检区临时堆存，验收合格后转运至垃圾填埋场进行填埋处置。异位化学氧化法工艺流程，见图 3-48。

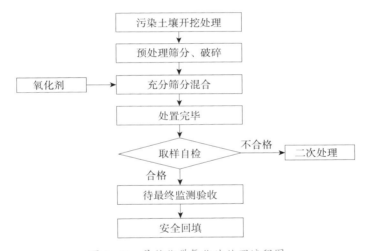

图 3-47　异位化学氧化法处理流程图

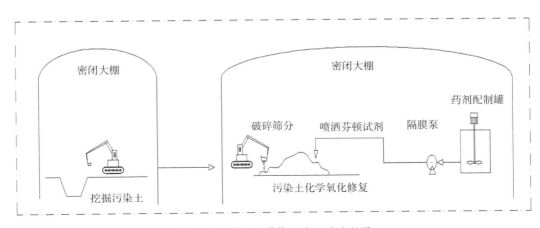

图 3-48　异位化学氧化法工艺流程图

图 3-49　热处理工艺及设备图

（3）热处理技术

热处理技术是指通过间接或直接热交换，将污染介质及其所含的污染物加热到足够的温度，使污染物从污染介质上得以挥发或分离，从而净化土壤；挥发进入烟气中的污染物经过除尘、降温、活性炭吸附等单元处理后，烟气达标排放到环境中。

对污染土壤分区清挖，筛分，运至密闭修复车间预处理。利用翻抛作业设备对污染土壤翻抛，这一过程可使土壤粒径和含水量有效降低，提高后续的修复处理能力。

苯、萘污染土壤进入热解吸滚筒后，在 200℃停留 10~15min，即可使土壤苯、萘能够达到修复目标。多环芳烃污染土壤进入热解吸滚筒后，在 600℃停留 10~15min，即可使土壤中多环芳烃能够达到修复目标。热解吸烟气经过净化处理后，烟气当中的 SO_2、NO_X、粉尘、非甲烷总烃等大气污染物均能达到大气污染物排放规定的限值然后排放。热处理工艺及设备，见图 3-49。

4. 地下水抽出处理技术

地下水抽出处理技术用于处理工业污染场地中重度污染的地下水，根据地下水污染范围，在场地内布设抽水井，利用抽水井内潜水泵将污染地下水抽取至地面，然后利用地面废水处理设施进行处理。该技术主要设备包括环境钻机、建井材料、抽水泵、压力表、流量计、地下水水位仪、地下水水质在线监测设备、污水处理设施等。

抽出处理处置污染地下水主要包括几个步骤：①建立地下水抽水井井群；②脉冲式抽取地下水；③地表建立废水处理站处理抽出的污染地下水；④建立地下水监测井，采样分析评价地下水抽出处理的效果。地下水抽出处理工艺示意，见图 3-50。

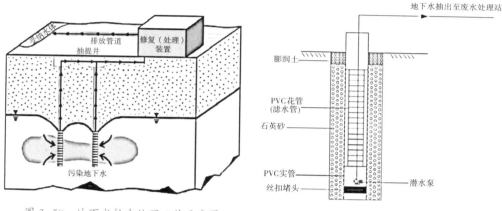

图 3-50　地下水抽出处理工艺示意图　　　图 3-51　地下水抽水井示意图

　　地下水抽水井由井壁管、过滤管和沉淀罐三部分组成。井壁管位于最上部，中部为过滤管，底部为沉淀罐。通常，井管采用硬 PVC 材质，井管与孔壁之间填充石英砂，具体的抽水井样式，见图 3-51。

3.4　绿地系统功能提升

3.4.1　总体要求

　　《风景园林基本术语标准》CJJ/T 91—2017 对城市绿地系统（Urban Green Space System）的定义是"由城市中各种类型和规模的绿化用地组成的整体"。建设城市绿地，提升绿地品质，最终目的是获取生态系统服务价值来为城市居民服务。城市绿地系统具有生态、经济、社会等多重属性，在公园城市建设中具有特殊的位置，不仅具有生态环保、休闲游憩、景观营造、文化传承、科普教育、防灾避险等服务功能，而且对城市经济发展亦具有直接或间接的提升作用。城市绿地系统破碎化，会导致各类绿地缺乏有机联系，城市内外不连贯，可达性弱。受城市建设用地扩张的影响，很多城市出现了中心区绿量明显不足，分布不均以及城市绿地遭受侵占或破坏等现象；城市中的老旧公园建成时间相对久远，且缺乏相应的管理及养护人员，导致公园绿地综合功能不强，应用植物种类偏少、配置欠合理，生态效益不强等问题。在公园城市导向下，将绿地系统作为城市生态环境建设和社会经济发展的重要载体，强调"尊重自然、顺应自然、保护自然"，摆脱单一的工程化思维，基于自然的解决方案，利用自然生态系统所具有的适应性和恢复力，开展生态修复和适应性管理，以解决城市病挑战和保护生物多样性，利用自然规律满足人的多种需求，提升城市"新绿地"系统功能，打造宜居美好的公园城市。

3.4.2 工程技术

绿地系统提升主要包括绿地系统完善、绿色空间拓展、绿地品质提升等内容。公园城市导向下的绿地系统提升应在确定城市绿地建设目标的基础之上，明确不同规划层级的绿地规划建设重点内容，因地制宜的制定城市绿地建设指标体系，开展城市绿地系统的提升完善工作。基于各地的实践探索，课题以"统筹城乡、优化布局、提升功能、强化管理"为抓手，探索园林绿化垃圾、底泥、采矿废弃物等资源化处理与再利用，研发了轻质屋顶等技术专利，应用于边坡治理、屋面绿化等生态修复中；为提高修复后的生态景观效应，研制了植物墙、层叠拼接花箱等专利产品，在上海、武汉、广州、福州、成都、淮北、南通、包头等地已经得以推广应用。本节重点介绍绿地雨水管理设施技术、节水地形设计技术、小微生境体系营造技术、城市鸟类生态廊道构建技术和为丰富绿地系统文化紧密相关的生态科普设施，及其在包头生态修复工程中的应用。

包头位于黄河上游资源富集区与渤海经济区的交汇处，北接蒙古，南临黄河，东接土默川平原，西临河套平原，中部贯穿阴山山脉，处于干旱半干旱地区，具有典型的干旱草原景观特征。2016年，为重塑包头"母亲河"的壮丽景象，昆河的生态整治工程开始了分期建设，一期建设范围主要集中在城市段，全长3.6km，以市民生态休闲的滨河公园绿地为主。本项目地位于包头的母亲河—昆都仑河上游东岸，生态修复后的隐园实景，见图3-52。

1. 绿地雨水管理设施

从雨水及地表径流的源头动态梳理，在源头处强调对径流的缓冲和初步收集，通过节水地形坡面的"之"字形生物沟，延长地表径流、减缓流速，最大限度增加雨水下渗与植物利用过程控制阶段。通过地形生物沟、雨水花园、人工湿地等设施对地表径

图 3-52　隐园实景拍摄图（2018 年春）

流过滤和初级净化，再通过浅滩溪流汇集到漂浮花园（雨水湿塘）和净隐湖（湿地水塘）两个终端设施中。最终，在漂浮花园中，水质通过生态浮岛体系的净化功能实现进一步的水质净化；在净隐湖中，通过曝氧和植物、微生物的综合作用，提升水质。隐园雨水设施总体布局图和节水园林淹没模型，见图 3-53 和图 3-54。

雨水花园：是海绵城市常见设施，其功能为组织、收纳、滞留和净化地表径流。在隐园项目中，由于场地关系，雨水花园为分级散点式布局模式，解决局部雨水的组织和收集，然后通过生物沟以及浅滩溪流汇入雨洪体系的终端设施（净隐湖）中。

图 3-53　雨水设施总体布局图

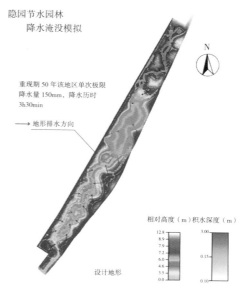

图 3-54　淹没模型

台地花园：运用了人工湿地的净化原理，水平结构方面，通过表流湿地与潜流湿地的组合方式，延长地表径流的长度，增加雨水净化时间；垂直结构方面，通过不同的填料层对污染物的吸附作用，实现对雨水的高效净化，同时，植物根系、微生物菌群等都在不同程度上起到对污染物的降解和吸附作用。

湿塘：净隐湖作为隐园雨洪管理体系的终端设施，对雨水管理和栖息地营建起到非常重要的作用，因此对水域面积、水质、生态需水量、水深等都有不同层面的需求。经过对生态需水量的测算（小微生境部分后续具体介绍），确定常水位

图 3-55　隐园湿塘示意图

水面面积不小于 $300m^2$，常水位最大水深不小于 1m，水生植物覆盖率不小于 30%（不包括沉水植物）。丰富的水生植物对于构建小微生境、净化水质、调节小气候具有非常积极的作用，使得净隐湖成为隐园雨洪管理体系中最大的终端治理设施。隐园湿塘示意，见图 3-55。

漂浮花园由于场地呈长条状，为保证雨洪管理的有效性，设置两处终端雨水治理设施，净隐湖位于北侧，漂浮花园位于南侧，分别对南北两个区域的雨水进行收集、存蓄和水质净化的集中治理。漂浮花园本质上为雨水湿塘，是水陆交替较为明显的雨水收集设施，局部保留陆岛，种植乡土宿根花卉为主，形成水面上"漂浮"的小花园，是隐园小微生境系统中重要的蝴蝶生境。

2. 节水地形设计技术

节水地形是节水园林中具有科学性、生态性和美学性的园林地形处理模式。科学的节水地形设计以汇水分析为依据，"之"字地形可用于对坡度大而缓的区域进行高差处理，其优势为：有效缓解水土流失、延长地表径流、净化水质；"台地"地形主要针对坡度大而陡的区域，其优点为可有效储存水源，利于植物生长。

从生态的角度来看，植物配置充分考虑地形特点，高凸地排水区种植低耗水植物，低洼地蓄水区种植高耗水植物，能够创造出丰富的小环境类

型，为动物栖息提供水源和栖息地；与此同时，节水地形兼具美学原则，地形设计高低起伏意指自然山川之美，保证其功能性的同时，与周围环境融为一体，力求达到自然过渡的效果。

由于隐园为低洼地势，与四周界面高差较大，在处理高差的过程中，为防止坡面水土流失和减少坡面冲刷、植物涝害，根据场地汇水分析和植物需水特性，科学设计节水地形，延长地表径流，有效组织排水，为植物生长创造良好的基础条件。

全园根据现状高差、植物需求和水文关系采取了三种手段进行地形整理。第一种坡度大而缓区域，采用"之"字形地形处理，主要目的为缓解雨水冲刷，延长地表径流，加强下渗。第二种坡度小而陡区域，合理布置排水沟并通过设置自然置石起到对雨水消能的作用，又可以增加景观效果。第三种坡度大而陡区域，将地形分级处理，一部分区域形成"梯田"形式，不仅保证了前期对浇灌水和雨水的有效存储，并根据水量合理布局植物群落，形成了另一种特色台地景观，结合人工湿地原理，形成具有净化、滞留作用的雨水设施；一部分采用"波浪式"地形，形成小的起伏空间，丰富了地形的变化，增加了植物配置的趣味性和空间的观赏性。隐园节水地形设计原理，见图3-56。

3. 小微生境体系营造技术

构建小微生境体系，丰富城市公园绿地的生物多样性，对于城市的可持续发展及构建公园城市生态系统的完整性具有重要的现实意义，使城市绿地成为环境与人、人与动植物、动植物与环境之间和谐共生的"生命共同体"。

图3-56　隐园节水地形设计原理
（图片来源：施工过程照片绘制）

通过对隐园城市雨洪公园周边绿地及昆河河道上下游的观测和调研，确定区域范围内栖息地构建的目标物种。根据目标物种的活动空间、庇护场所、食物网、水源等关键要素的需求，结合公园地形、水文、土壤、植物等合理的布局设计，以食物网和营养级为主要依据，为不同的目标物种构建生境体系，形成生态单元，称为小微生境。各个小微生境之间又会形成有机的整体，构成公园内的生境体系，为实现生物多样性、完善生态系统的完整性和稳定性提供发展空间。隐园小微生境构建框架，见图 3-57。

隐园主要以林地、草地、野花滩、浅滩溪流、湿地五种生境类型为主。由于场地较小，目标物种以惊飞距离短、易于亲近的林鸟、水鸟以及具有观赏性的蝴蝶、蜻蜓等为主。

（1）林地生境：主要以低耗水的乡土乔灌木组团为主，种植在地形的高点及坡面，形成景观空间的同时，作为鸟类的筑巢场所，乔木选择榆树（*Ulmus pumila L.*）、金银木（*Lonicera maackii*（*Rupr.*）*Maxim.*）、女贞（*Ligustrum lucidum Ait.*）等乡土树种吸引鸟类筑巢，灌木以浆果类为主，丰富鸟类食源，是喜鹊和寒鸦的主要栖息环境。

（2）草花地生境：以台地花园、溪流谷地、节水地形缓坡等区域为主，以乡土宿根花卉植物的野花组合为主，以灰碟、菜粉蝶、绢粉蝶等蝴

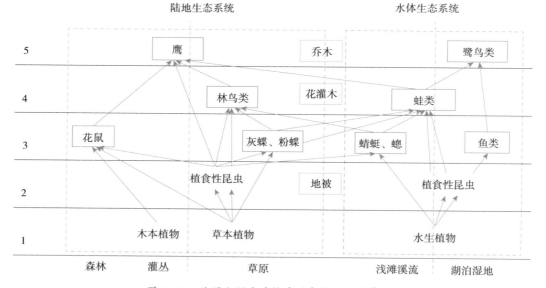

图 3-57　隐园小微生境构建（食物网与营养级）
（图片来源：作者自绘）

蝶类为目标物种进行栖息地的打造。植物群落分为寄主植物群落和蜜源植物群落，寄主植物群落以紫苜蓿（*Medicago sativa L.*）[红珠灰蝶]、酸模（*Rumex acetosa L.*）[红灰碟]、八宝景天（*Sedum spectabile.*）[点玄灰蝶]、二月兰（*Orychophragmus violaceus*）[菜粉蝶]、紫花地丁（*Viola philippica*）

图 3-58　蝴蝶栖息地构建示意图
（图片来源：作者自绘）

[斐豹蛱蝶]为主要物种进行组合配置；蜜源植物以蝴蝶偏爱的黄紫色系植物为主，如：丁香（*Syringa Linn.*）、旋复花（*Inula japonica Thunb.*）、地被菊（*Chrysanthemum morifolium Ramat.*）、醉鱼草（*Buddleja lindleyana Fortune.*）等。另外，寄主植物群落和蜜源植物群落二者之间相互穿插，形成有机整体，共同构成蝴蝶生境。蝴蝶栖息地构建示意，见图 3-58。

（3）浅滩溪流：是公园内水陆交替的溪流边界，是水鸟、两栖类和蜻蜓类的主要栖息场所，种植芦苇（*Phragmites australis*（*Cav.*）*Trin. ex Steu*）、菖蒲（*Acorus calamus L.*）、千屈菜（*Lythrum salicaria L.*）等挺水植物为两栖类和蜻蜓类提供庇护、繁殖和活动的场所。

4. 城市鸟类生态廊道构建技术

2017 年住房和城乡建设部印发《关于加强生态修复城市修补工作的指导意见》，提出完善绿地系统，推进生态廊道建设，努力修复被割裂的绿地系统；同年党的十九大把建设生态文明作为中华民族永续发展的千年大计，提出了构建生态廊道和生物多样性保护网络，提升生态系统质量和稳定性，生态廊道构建被提升到重要高度。

城市发展带来空间的扩张和人类活动的加强，对生物多样性造成较大保护压力；同时绿地斑块化程度仍较高，鸟类的廊道建设缺乏、斑块切割度较大。通过鸟类生态廊道设计与建设，将这些廊道节点与森林、湿地、城市等相结合，打造出立体化、层次化、网络化的鸟类生态廊道，以引导建成区外聚集栖息的鸟类能自由扩散进入城市内生物多样性水平尚未达到饱和的绿地，恢复城市生物多样性水平。同时，最大限度的消除城市建设对鸟类的阻隔作用，实现让市民欣赏到城市对野生动物保护的价值、提高城市居民生活质量的目标。

鸟类生态廊道是用于连接鸟类栖息生境斑块的、能供其扩散交流的线性或带状区域，包括主廊道和次廊道。生态源是鸟类的聚集地，包括鸟类物种多样性丰富度高和种群数量大的繁殖地、越冬地、迁徙停歇地等；汇是鸟类扩散的目标地，包括具有一定生境条件的潜在鸟类栖息地、城市绿地、自然保护地等；脚踏石是指源中的鸟类向汇扩散时起到驿站作用的、鸟类相对丰富的区域。主廊道引导鸟类由源扩散至汇，次廊道引导鸟类由源扩散至脚踏石、脚踏石扩散至脚踏石、脚踏石扩散至汇。

新建及改建的鸟类生态廊道的设计与建设重点是根据源、汇、脚踏石的选择和主次廊道的选择形成鸟类生态廊道空间布局。主廊道主要通过调整植被类型和面积等方式进行栖息生境修复，按照不同的土地类型（可参照 GB/T 21010 的划分规定）以及不同原因和程度的破坏，对廊道内的栖息地生境进行修复；次廊道建设内容为鸟类招引，根据所连接的脚踏石的鸟类组成特点，进行相应鸟类的招引措施设计，包括设置人工投喂设施、饮水装置、仿生模型、人工巢箱等。

包头位于国际鸟类"中亚迁徙线"与"东亚和澳大利亚迁徙线"片区交界带。近年来，观测到多种国际濒危鸟类，如国家一级保护动物遗鸥、黑鹳、大鸨等，项目区域就调查观测到国家重点保护鸟类红隼。为助力包头构建沿黄河生态廊道，隐园场地以"脚踏石"为目标进行了相应的生态设计和建设。常见鸟类麻雀、喜鹊等属于项目区的优势种，分布广泛、数量较多，还有一些具有较高观赏价值的鸟类，如大白鹭、黑水鸡等。应当加强对这些鸟类的保护，保证区域生物和景观多样性。

隐园内部新种植的植被和新造水域，按鸟类对食物资源的要求来说相对欠缺，很难吸引其至此栖息生存。因此，需要适当地种植一些果树来吸引鸟类。在林带区域少量种植本土较易存活的挂果植物，丰富现有植物多样性，特别是早春季节挂果的植物种类，以便在鸟类食物较为缺乏的早春季节提供食物，有利于吸引鸟类停留，此区域招引对象是喜鹊、灰斑鸠等本土林鸟，以及啄木鸟、鸫类、山雀、椋鸟等。

在冬季和刚入春时期，植物果实少，水域结冰的情况下，为避免城市鸟类缺少食物来源，在鸟类栖息地人工安放食物槽，人工喂食，助其越

图 3-59　人工鸟巢实景图

图 3-60　生态科普设施

冬。投食者是公园管理人员也可是游客，增加鸟类食物来源的同时，也可增进人们近距离观察鸟类的机会。设置人工鸟巢的措施，为一些自身不营巢的鸟类提供一处庇护之所，人工鸟巢应选用实木、稻草、羽毛等天然材料，大小和洞口尺寸根据城市湿地公园鸟类而定，也可使用废弃的天然材料，如枯木、葫芦等。鸟类停歇台一般由木材构成，用缆绳固定，具有可移动性，管理人员可根据需要调整游禽停歇台位置，便于水鸟栖息，也便于观测。人工鸟巢实景，见图 3-59。

城市鸟类生态廊道构建技术的应用和推广，将促进鸟类资源保育、有效改善鸟类栖息地生境，极大地提升城市绿地中鸟类的丰富度与城市生态系统完整性，有效缓解生态破碎化等问题，优化城市生态安全格局。此外，还能提供重要的生态服务功能，如休闲娱乐、控制病虫害、传播花粉等功能。同时，广泛传播"爱鸟护鸟、保护生态"的生态文明理念，促进新兴生态服务产业（如自然教育等）的发展，创造出一批新的经济增长点。

5. 生态科普设施

生态科普是近几年来在绿地生态服务功能中关注度最高的。隐园生态科普设施分为两种，第一种为互动体验类，如举办主题活动，让公众通过参与活动了解与我们生活息息相关的生态系统。第二种为解说类，主要通过趣味性的牌志系统，介绍和说明在园区内构建城市生态的过程和意义。通过这两种方式，让公众有自然归属感和生态获得感，让人们懂得如何更好的爱护自然、保护生态，提升公众的环保意识。隐园部分生态科普设施，见图 3-60。

第 4 章

"生态修复 +" 模式

　　促进城市高质量发展是"公园城市"指引下城市生态修复后再利用的宗旨目标，即将生态修复与人的需求、城市发展需要紧密结合，充分利用现状生态资源，挖掘、传承和发展地域文脉，进行功能植入、产业融合，形成"生态修复 +"模式，服务城市生态美好、居民生活幸福、项目生产高效。"生态修复 +"模式已创新应用在徐州、福州、南京等城市生态修复实践中，改善了城市人居生态环境，丰富了生态产品供给，提升了土地资源价值，形成了多元化生态产业，为区域发展注入新动能。

4.1   服务于生态美好的生态修复安全再利用模式

公园城市的根本宗旨是以人为本，满足人民对优美生态环境和人居环境的向往和需求。那么，生态美好既是公园城市建设的核心内容之一，也是公园城市实现人、城、园三元互动平衡、和谐永续发展的基础与保障。生态美好一是要让城市和自然有机融合、共生共荣。构建城绿一体的生态系统，将城市的公园化形态有机融合于自然生态之中，使城市发展与生态环境相协调，促进人、城、自然和谐共生。二是要以绿色生态来提升全体居民的获得感、幸福感和安全感。以全域的视角来看待城市健康发展，塑造生态良好、生活舒适的"城市 - 生态"有机体，提高全民生活品质。

4.1.1   "生态修复 + 生态涵养"—— 徐州市沛县安国湖采煤沉陷区生态修复

徐州市沛县安国湖采煤沉陷区生态修复紧紧围绕生态美好这一公园城市的基本诉求，通过生态修复，塑造水质良好、相互连通、形态多样的水环境，形成适合当地乡土动植物繁育的多样化生境，促进植物、动物与湿地类型的保护与健康发展，变采煤沉陷区为国家湿地公园，成为沛县"矿、城、绿"一体化发展中重要的生态涵养区。同时，安国湖国家湿地公园构建起南水北调东线工程水质安全的生态屏障，为区域居民饮水提供安全保障，并成为各种鸟类迁徙、停歇和栖息的天堂，其自然淳朴的郊野风光和天、鸟、水共一色的独特魅力，也为城镇居民提供了一个返璞归真、回归自然的理想游憩场所，见图4-1。

1. 项目背景

徐州市是全国基础能源供应基地之一，煤炭开采历史悠久，为江苏省乃至华东地区、全国社会经济发展做出了重要的历史贡献。沛县是江苏省和华东地区的煤炭主产地，探明煤储量24亿t，占江苏省的40%以上，徐州市的66%以上，境内包含了张双楼煤矿等8对矿井。20世纪70年代以来，煤矿开采在当地累计造成5500余hm^2土地不同程度的沉陷。安国湖采煤沉陷区位于沛县安国镇南部，区域前身为农业用地及农村居住用地，后由于张双楼煤矿及其周边区域较大范围的沉陷，损毁土地 1702.79hm²，至 2019年周边安国镇高庄村、陈尧村、汪塘村和六堡 4 个村庄被迫搬迁 1096 户 3838 人，见图 4-2。随着时间的推移，安国湖采煤沉陷区形成大面积的积水，常年的积水也使外围出现不同程度的沼泽化，陆生生态系统逐步转变为湿地生态系统。最终形成沉陷深度 4m 以上区域 267hm²，沉陷深度 1.5~4m的区域 220hm²，拉坡地 120hm²。

2. 生态修复规划

（1）摸底评估

①重要的生态区位

安国湖采煤沉陷区是沛县南四湖徐庄饮用水源地的过渡区域，同时，该区域水域属淮河流域泗水水系，通过大沙河和杨屯河等水域实现与南四

图 4-1 安国湖国家湿地公园

图 4-2 安国湖采煤沉陷区生态修复前状况

湖（微山湖）的连通，是微山湖入湖河流必经之地，对于南水北调东线工程清水走廊输水干线水质健康具有重要意义。

②丰富的生境类型

安国湖采煤沉陷区是典型的采矿挖掘区和沉陷积水区人工湿地类型。由于沉陷区深度不同，湖底结构复杂，深浅不一。同时，其生态系统既具陆地生态系统地带性分布特点，又具水生生态系统地带性分布特点，表现出水陆相兼的过渡型分布规律，具有典型的水域—草本浅滩—灌丛湿地—森林湿地过渡的特征。位于水陆界面的交错群落分布使湿地具有显著的边缘效应，让安国湖采煤沉陷区具有丰富的生境类型和生产力及生物多样性大幅度提升的巨大潜力。

③脆弱的水环境

安国湖采煤沉陷区现状水体主要由因地下矿井废弃而导致地面下沉所形成的敞水面，枯水季节会露出水面的水浸区以及鱼塘组成。由于原始植被因矿区沉陷而遭到破坏，导致雨水渗透量减小，地表径流增加。煤矿的开采还使地下水位发生变化，改变了地下水的流动方向，水体一旦失去地下水的补给，就极易发生断流，水生态系统较为脆弱和敏感。同时，采煤沉陷区的水面形状为碗形，水域流动性较差，无法实现自净，有毒物不易排出而易积累，使区域水质较差。

（2）规划原则

①全面保护原则

湿地保护是安国湖采煤沉陷区生态修复的首要目的，以维护湿地生态系统结构和功能的完整性、保护栖息地、防止湿地及其生物多样性衰退为前提。尊重安国湖采煤沉陷区湿地的自然性、真实性和原初性，最大限度保留湿地的自然生态特征和自然风貌。尽量维护湿地的自然生态过程和生态功能，尽量避免人工影响，因地制宜进行规划和建设。

②科学修复原则

安国湖采煤沉陷区生态修复要最大限度保护或还原自然风貌，避免过度修复，强调用自然手段进行植被恢复，形成"近自然"状态，逐步提升湿地生态系统。

③合理利用原则

在保护安国湖湿地生态系统完整性、维护湿地生态过程和生态服务功能的基础上，可在湿地内配置适度的科普、文化、休闲设施，使其既成为提高公众生态意识的科普教育基地和文化休闲地，也是地方经济发展的新生长点，以保障对沉陷区可持续地进行保护和修复。

（3）规划目标

根据现状评估和规划原则，安国湖采煤沉陷区先后被定位为"生态敏感区""湿地生态片区"，2012 年提出了建设湿地公园的目标，至 2015 年明确了建设国家级湿地公园的总体目标。具体目标设置为：全面修复沉陷区受干扰而退化的湿地植被，遏制区域生态环境退化；恢复与营造适宜的野生动植物栖息地，提高湿地生物多样性；维持湿地生态系统结构完整性，促进湿地生态服务功能的健康执行，显著改善与提升水环境质量；推进湿地科普宣教基地建设，最终树立类似区域采煤沉陷区湿地保护与恢复典范；打造原生态、近自然的湿地景观展示基地，构筑南水北调东线工程清水廊道的生态屏障。

综合分析安国湖采煤沉陷区的地形地貌、水文水系等自然资源状况，为了改善湿地水质、丰富生物多样性、维护生态系统完整性、合理开发利用湿地资源，规划将安国湖国家湿地公园划分为三大功能分区：生态保育区、恢复重建区和合理利用区。三大功能分区共计 517.06hm²，其中生态保育区和恢复重建区面积共为 445hm²，占湿地公园总面积的 86.06%，见图 4-3。

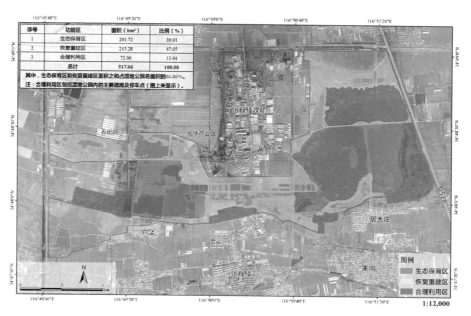

图 4-3　安国湖湿地公园功能分区规划图

生态保育区主要包含两大部分，一是湿地公园东侧入口区域的开敞水面；二是公园西部的水面及其周边草本沼泽区域，面积 201.72hm²，占湿地公园规划总面积 39.01%。生态保育区基本以湿地公园主体水面及水域周边湿地滩涂为主，原生态程度高，湿地动植物种类、数量丰富，生态保护价值高；湿地植被覆盖度高，栖息于此的湿地鸟类众多，适合封闭保育。

恢复重建区分布面积较广，基本覆盖整个湿地公园大部分地区，包括湿地公园的生态涵养林、废水处理场所、废弃淡水养殖塘、退耕农用地以及新增采煤沉陷地等区域，面积 243.28hm²，占湿地公园总规划面积 47.05%。恢复重建区以具备一定可恢复重建条件的保育区周边生态涵养林、隔离带及部分潜水滩和芦苇浅滩等为主。部分恢复重建区具有一定的水系结构和湿地动植物资源分布，湿地生态良好。

合理利用区分布以公园内的主要道路为基础，分为几个重点区域。分别包括湿地公园西部合理利用区范围，湿地公园中南部的开阔自然恢复地，湿地公园南部现状葡萄种植与采摘体验区，原管理服务区及其与生态保育区之间的湿地公园东南角的恢复重建区以及湿地公园内部主要道路及道路沿线栈道、观景平台、停车区等区域。通过道路彼此连通，形成贯穿整个湿地公园的全域合理利用区，面积 72.06hm²，占湿地公园规划总面积 13.94%，见图 4-3。

3. 主要做法

（1）湿地水质保护与改善

①退塘还湿

公园内共进行了四处大面积退塘还湿的生态改造，恢复面积超过 30hm²。通过池塘驳岸生态塑造、水位调控、植被恢复工程，严格控制水位，恢复了自然生态驳岸、滨岸带湿地植被和水中浮叶植物，塑造了多样化的湿地生境，对水质净化和水质保护具有重要作用，见图 4-4。

②人工湿地构建

安国湖采煤沉陷区内水域面积宽广，水系发达。湿地公园与外界水系沟通途径主要有三个途径，西部与龙口河相接，南部通过燕牌坊大沟和张双楼大沟分别连通挖工庄河与徐沛河，北部则通过左尧大沟连接徐沛河。根据湿地地形特征、外界水系分布和湿地水量调控等的需要，选取在湿地公园范围内的西区和东区建设人工湿地，工程总占地约 235 万 m²，其中西区 80 万 m²，东区 155 万 m²。

安国湖国家湿地公园建设前遥感影像（2014 年 7 月）

安国湖国家湿地公园建设后遥感影像（2019 年 8 月）

图 4-4 国家湿地公园建设前后遥感影像对比

湿地水质净化工艺主要以表面流湿地＋生物滞留塘为主，湿地内其他分散性污水采用预处理＋表流湿地工艺；同时建设节制闸实施拦水，实现河水拦蓄，形成河道生态滞留塘系统，实施天然净化，并开展生态护坡工程。西区通过龙口河及湿地引水渠内设置控制闸，调节处理后污水进入湿地，实现重力流布水。东区通过在湿地入口处设置自动泵站提升污水，再利用湿地实现重力流布水。通过开展人工湿地建设，以湿地水质净化为主、景观规划为辅，实现沉陷区及周边区域水资源的改善与保护，见图 4-5。

图 4-5　人工湿地风貌

③综合保护措施

通过安国湖周边环境综合整治项目，对影响水质的外围的污染企业、农业面源污染、畜禽养殖污染、水产养殖污染等外源环境胁迫因子加以整治，积极推进截污改造工程，对湿地公园周边居民点布设生活污水排污管网，解决生活污水对湿地公园的影响；持续推动环境治理工程，先后关停、搬迁多家企业，综合利用粉煤灰和煤矸石，坚决杜绝围网养殖，有效降解污染、保护水质。

（2）湿地生境恢复

①地形整理及水系梳理

通过整理采煤沉陷地 1250 余亩，整理土方 116 万 m³，建设 10 余处桥涵闸站沟通水系，为湿地公园水质保护及栖息地恢复提供良好的地理条件，见图 4-6。

②植被恢复与驳岸修复

安国湖国家湿地公园范围内的植被恢复自沉陷区地形和水系梳理后开始，通过恢复种植湿生植被与乡土植被，构建原生态湿地风貌。恢复千屈菜、鸢尾、再力花、雨久花、荷花、睡莲、芦苇等湿地植被面积超过 38.36hm²，形成了沉水—浮叶—挺水—灌木及地被—乔木的植被群落结构，构建了沉陷区植被基底，营造出广阔无垠的湿地景观，见图 4-7。

图 4-6　水系梳理与桥涵建设　　　　　　图 4-7　植被恢复

此外，湿地公园结合地形梳
理及植被恢复工程，开展驳岸修
复工作，完成中部生态驳岸建设
2.4km，北部西侧生态驳岸 1.7km，
修复北部自然驳岸 1km。通过近自
然驳岸的营造，形成季节性水陆
交错区域，不仅构建了良好的水

图 4-8 生态驳岸

陆交界地带生态群落，而且提高了湿地对有机物及氮磷的去除能力，保护
和改善安国湖水质，保障湿地原生态风貌，见图 4-8。

③栖息地保护与恢复

一是构建健康水生态系统。通过补种水生植物、投放鱼苗等措施，构
建物种间相互依存、相互作用的种间关系，从而形成稳定的生态系统，极
大地完善了食物链，基本构成由生产者（浮游植物、水生植物）→第一级
消费者（食草浮游动物、底栖动物）→第二级消费者（食肉浮游动物、底
栖动物）→第三级消费者（鱼类）→腐物寄生菌→无机营养盐→生产者形
成完整食物链循环。

二是鸟类栖息地保护。在湿地公园北部开展面积约 200 亩的鸟类栖息
地恢复工程，通过地形改造、湿地植被恢复，塑造沼泽、浅滩等湿地类型，
并人工构建多个生态小岛，为鸟类提供了良好的栖息环境，见图 4-9。并在
湿地公园外围设置围栏、植被隔离带和功能区展示牌、警示牌等，禁止游
客进入湿地公园内生态保育区和恢复重建区，为鸟类等生物资源提供良好
的觅食、避难、繁殖、栖息空间。

（3）综合环境整治

为了更好地保护、恢复安国湖湿地，注重对外来物种的控制与清理，
在东侧主入口附近配备了有害生物监测设备系统，见图 4-10，并对紫茎泽

图 4-9 北部鸟类栖息地恢复前后遥感对比

兰、薇甘菊、加拿大一枝黄花、空心莲子草（水花生）等外来物种或有害物种进行治理；杜绝放生龟类、鱼类、乱栽植物等行为，保障湿地群落有序地自然演替。

图 4-10　有害生物监测网络系统

4. 取得成效

（1）湿地水质提升

以《地表水环境质量标准》GB 3838—2002 作为标准，综合各种水质指标评价，动态监测结果显示：安国湖国家湿地公园内各区域水体水质总体趋势均为逐渐变好，至 2021 年 4 月份时各功能分区均能达到Ⅲ类水质标准（表 4-1）。

（2）生物多样性提升

根据最新科考，安国湖国家湿地公园内有维管束植物 65 科 138 属 155 种，相比生态修复初期多了 14 种；共发现脊椎野生动物共计 28 目 49 科 121 种，其中鸟类 15 目 33 科 89 种，与生态修复初期相比，新增国家Ⅰ级重点保护鸟类 1 种，国家Ⅱ级重点保护鸟类 7 种，省级重点保护鸟类 36 种。

安国湖国家湿地公园综合水质情况（2018 年 9 月 ~2021 年 4 月）　　表 4-1

监测期	生态保育区	恢复重建区	合理利用区
2018 年 9 月	Ⅲ类	Ⅳ类	Ⅲ类
2018 年 12 月	Ⅲ类	Ⅳ类	Ⅲ类
2019 年 3 月	Ⅲ类	Ⅳ类	Ⅲ类
2019 年 6 月	Ⅳ类	Ⅳ类	Ⅳ类
2019 年 12 月	Ⅲ类	Ⅳ类	Ⅲ类
2020 年 3 月	Ⅲ类	Ⅳ类	Ⅲ类
2020 年 6 月	Ⅳ类	Ⅳ类	Ⅳ类
2020 年 9 月	Ⅲ类	Ⅲ类	Ⅲ类
2021 年 1 月	Ⅲ类	Ⅳ类	Ⅲ类
2021 年 4 月	Ⅲ类	Ⅲ类	Ⅲ类

（3）生态保育功能提升

目前，湿地公园生态保育区的自然生态环境优异，是湿地公园内生物多样性最丰富区域，湿地水质基本保持在国家《地表水环境质量标准》GB 3838—2002 Ⅲ 类 水 标 准，为保育区内的野生动植物提供

图 4-11 湿地鸟巢

了良好的繁衍和栖息环境，见图 4-11。目前，生态保育区范围内存有水杉、野大豆等保护植物，栖息有震旦鸦雀、鸳鸯、小天鹅、小鸊鷉、绿头鸭等重要鸟类资源，具有极高的保护价值。

4.1.2 "生态修复 + 植物多样性和景观多样性展示"—— 第十二届中国（南宁）国际园林博览会园博园采石区生态修复

第十二届中国（南宁）国际园林博览会园博园（简称"园博园"）采石区生态修复以场地修复、植物多样性和景观多样性展示为核心，针对废弃采石场复杂的环境要素，通过土石清理、崖壁修整、安全防护、植被修复、安全避让、路径介入等方式，对废弃采石场进行生态修复和景观重塑，实现了废弃地从"伤疤"向"植物花园"和"风景花园"的转变，为游客创造了丰富的感官体验场所，见图 4-12。作为园博园的重要且独具特色部分，这些采石场通过场地特征挖掘、人工植被修复和景观构筑物引入，塑造丰富植物群落，彰显场地景观特色，增强展会吸引力，探索园林艺术新形式，展现城市生态修复的可能性。

1. 项目背景

南宁市成功申办 2018 年中国国际园林博览会，并划定了城市南郊八尺江两岸 620hm² 的土地作为生态修复的研究范围。场地上大部分是浅丘、平畴、水塘构成的田园牧歌式的乡村景观，但场地中还分布有一系

图 4-12 南宁园博园峻崖潭（李婵摄）

列采石场，是园博园重要而又特殊的部分。采石区位于博览会场址东南角，占地面积33hm²，其中大部分采石场已停采。

采石区内地形变化明显，散布有众多小山丘，地质构成以石灰岩为主。7个采石场都是采用粗暴的爆破式开采方式，开采后场地遗留下了破碎的丘陵、高耸的悬崖、荒芜的地表、深不见底的水潭、尺度巨大的采石坑、成堆的渣土渣石和生锈的采石设备。7个采石场规模、形态各异，根据开采方式可大致分为凹坑式和劈山式2种类型。部分停采的采石场在无人干扰的情况下，经历风吹雨打，形成了结构较为稳定的崖壁形态，且有一些植物从破碎的岩石缝中萌发出来，形成一种与原有的田园丘陵地完全不同的景观面貌。其中有5个采石场存在积水，1号和7号采石场水较深，因为早已停采，水位相对稳定；2号采石场水较浅，但水位季节性变化大；最后停采的4号和5号采石场水位持续上涨。

2. 采石区修复设计

（1）场地评估

①环境条件优越

南宁市位于广西南部丘陵地带，属温暖湿润的南亚热带季风气候，阳光充足，雨量充沛，气候温和，良好的气候条件和多样的山形地貌孕育了丰富的植物资源，为采石区的植被修复、水体修复和生境修复提供了有利条件。

②场地要素复杂

爆破式的开采方式导致采石区内岩石破碎，岩壁、坑体、采石设备、水潭、沟渠以及自然状态下恢复的部分植被等多种要素混杂，见图4-13。复杂的要素特征一定程度上丰富了场地的地形变化和景观差异性，但也增加了勘测与方案设计等过程的难度与挑战。

③存在不确定性因素

大规模的采石活动破坏了原有的岩体结构，形成的崖壁、高陡边坡稳定性差，部分边坡上存留有松散的渣土渣石，受风化、侵蚀等外力作用有崩塌落石的可能，存在不可预知的安全风险。受当地地下水位、降水的影响，部分积水坑体的水位持续变化，尤其是最后停采的4号坑和5号坑，在建设前难以达到稳定状态。不确定的边坡与水文因素对修复方案提出了弹性的设计要求。

（2）设计原则

作为园博园重要而特殊的空间组成，坚持"生态优先、保护优先"的

图 4-13　生态修复前场地现状

（图片来源：北京林业大学 / 北京多义景观规划设计事务所）

基本原则，秉承展示园林园艺新技术、新理念的园林博览会宗旨，通过合理修复采石场使其成为园博会中的独特展园。设计采取了以下原则：

①最小干预原则

在对采石区进行生态修复与风景营建的过程中，最大限度地尊重场地的原真性，保留原有场地中幽深的坑体、险峻的岩壁等特色要素，以及自然状态下恢复的植被要素，以低介入的修复方式进行植被与水体修复，凸显场地特色。因地制宜地介入景观设施（如路径、景观构筑等），并对其材料、数量、体量、风格等内容进行控制，让人工干预的设施融入整体环境。较小的工程量也意味着较低的投入和较好的生态性。

②科学性原则

坚持以安全为前提、以生态修复为核心，对岩壁稳定性、边坡碎石情况、坑底水位变化等方面进行科学的监测与评估，结合地质学、农学、林学、生态学、水土保持学、土地复垦学等多学科的修复技术与方法，针对性地提出科学有效的修复措施，达到危险防治、安全避让、生态恢复的效果。基于乡土适生植物摸底评估，种植乡土植物，创造具有地域特色的物种多样的植物花园。

③艺术性原则

修复后的采石场作为园林博览会中独特的展园，将展示园林艺术和园艺艺术的主题。一方面，采石活动遗留的崖壁、坑体、设施设备等要素具有一定的文化价值，应从艺术的视角对其背后的历史与文化内涵进行审读；另一方面，在修复过程中需考虑植物搭配、景观视线、空间营建等的艺术原理，通过借景、障景、框景等手法，将废弃采石场转化为一处可赏可游的山水美学文化空间。

④可持续性原则

在修复与建设的过程中避免对环境造成二次破坏，并考虑植被生长、水文变化等动态要素，制定长期、弹性的设计方案。此外，考虑园博园展期（近期）的展示与游览需求，以及展后（长期）作为城郊公共开放空间、融入城市空间结构与生态网络的长期目标，采用的修复方案能保证长期的景观效果，且不需要太多的养护和维护。

（3）设计目标

根据场地评估与设计原则，提出以植物造景为主、突出生态功能，"建造植物花园和风景花园"的设计目标。依托优越的环境条件，充分结合场地特征，延续中国传统风景营建方式，营造生态修复与自然体验交融、场所记忆与地域特色共生的系列采石场花园，见图4-14。

图4-14　南宁园博园采石场花园设计方案图
（图片来源：北京林业大学／北京多义景观规划设计事务所）

3. 主要策略

（1）科学的现场勘测与分析

考虑现状复杂的地形地貌，设计师利用无人机对 33hm² 的集中采石区进行了高精度的 3D 扫描，得到了准确的三维数字现场模型，并通过多次场地踏勘与观测，结合数字模型对场地现状进行深入研究和分析，见图 4-15。针对场地水位变化等不稳定的问题，设计师委托当地有关部门每半个月记录每个采石场中水位变化情况，结合长期水位监测数据和岩土勘察评估报告，利用 Rhino+GH 平台进行水位模拟与场地安全隐患区域评估，为设计提供依据。

图 4-15　南宁园博园水花园（一）

（左，建造前，林箐摄；右，建造后，张铭然摄）

（2）客观全面的场地资源评价

从资源的角度评价场地岩壁、积水、裸石、地形变化以及遗留的采石设备，确定潜在的风景资源、有利的地形地貌、有价值的工业遗产，综合考虑场地的地质安全性、生态修复可行性、植被适应性、施工与经费投入，以及修复后场地的风景游赏性等内容，确定不同要素的利用和转化的方式，见图 4-16。

（3）因地制宜的植被修复

根据 7 个采石场不同的地形、水文、空间状况，分析植被修复和景观塑造的可能性。在一定程度恢复自然植被群落的采石场，保留原有植被作为

图 4-16　南宁园博园岩石园（一）（孙国栋摄）

图 4-17 南宁园博园水花园（二）（孙国栋摄）

南宁园博园落霞池的水竹居

南宁园博园峻崖潭的带形窗

图 4-18 南宁园博园作为"点睛"亦是观景点
的景观构筑（孙国栋摄）

欣赏自然和进行自然教育的场所；在无积水或水浅的采石场尽可能修复植被，并依据不同的立地条件修复为水生植物花园、岩生花园、台地花园，用丰富的植物品种塑造兼具观赏性和生态性的植被群落；在水体较深的采石场，塑造以山水风景游赏为目标的风景花园，通过路径和观景点的精心布置，以及瀑布、跌水的局部点缀，带给人丰富的景观体验，见图 4-17。

（4）有节制的景观设施介入

考虑采石场险峻、奇特的特征以及进入其中的安全性，用少量的景观构筑介入创造最优的景观体验。在地质安全且观景视域较好的场地上设置亭、廊等小体量的景观构筑，作为整体环境中的"点睛"，体现传统山水审美意境。这些景观构筑同时也是场地中极佳的观景点，游客在其中可欣赏岩壁、瀑布等景观，见图 4-18。根据修复后的景观特征，设置序列化的体验路径，形成空间转折、景观变化的游览线路，增强景观感受和游览的趣味性，见图 4-19。

图 4-19 南宁园博园采石场花园中的体验路径（孙国栋摄）

图 4-20　南宁园博园双秀园（王资清摄）

图 4-21　南宁园博园岩石园（林箐摄）

图 4-22　南宁园博园双秀园（孙国栋摄）

4. 取得成效

（1）修复了受损的生态环境

因长期、大规模的采石作业对场地的植被、土壤等生态环境造成了巨大的破坏，方案通过适度的人为干预，在排除限制生态重建的干扰因子的条件下，充分尊重场地原有的植被、山体、水域和生态系统，结合生态修复与风景营建的技术，通过人工土壤重建以及植被修复，促进废弃地从荒芜向稳定植物群落的演替进程。修复后的采石区成为了一处园博园中的特殊展园。修复后的采石区成为了园博园中一系列特殊的展览花园，见图 4-20。

（2）创造了植物多样性花园

在植被修复与植物景观设计中，充分考虑了植物的生态习性、种间关系及观赏价值，结合场地坡度、坡向、水环境条件等特征和多样的修复性种植技术，塑造了水花园、岩石园、台地园等以植物展示为主题的花园，见图 4-21。在每种花园中，又细分出不同的生境，形成以观赏性草本花卉和花灌木为主的各具特色的主题花境与花园。

（3）塑造了特色山水风景

利用采石场现有的地形、岩壁、坑体、水潭等要素，尊重场地特征，通过精心的植被修复和水景设置，将采石场的断崖残石转变为独具特色的山水风景，并在关键位置引入观景设施与体验路径，塑造出高低起伏、明暗开合、变化有致的景观序列，为游客带来丰富的游览体验，见图 4-22。

（4）展现了采石场生态修复的创新路径

系列采石场花园展现了针对崖壁、边坡、坑口迹地、渣石堆等采石废弃地的不同的修复路

南宁园博园峻崖潭（孙国栋摄）（上左）
南宁园博园飞瀑湖（周仕凡摄）（上右）
南宁园博园台地园（孙国栋摄）（下）

图 4-23　南宁园博园各具特色的花园

径和方法，并通过生态修复、路径介入、风景营建等方式形成了 7 个各具特色的花园，在国内外同类实践中具有独特性和创新性。因其在生态修复和景观艺术上的高水准，项目获得了美国景观设计师协会（ASLA）设计奖、英国皇家风景园林学会（LI）设计奖等重要奖项（图 4-23）。南宁园博园采石场花园不仅承载了园林博览时的观光旅游，在博览盛会后，亦成为了当地市民休闲观光、婚庆打卡胜地，展现出废弃采石场修复转型的示范与联动效益。

5. 创新点

（1）耦合多元数字技术的场地分析与设计评估

结合无人机扫描技术、ContextCapture 软件和 Rhino+GH 平台，辅助设计在三维空间中进行科学的数据分析与评估，并对多方案进行比对，将设计方案导入 Lumion 中构建虚拟现实场景，借助 VR 设备设计师能够沉浸式的体验方案效果，对方案及时调整与优化，见图 4-24、图 4-25。

（2）兼具生态与美学价值的采石场植被修复方法

结合恢复生态学、土地复垦学等理论支撑下的科学修复技术，针对南宁园博园采石区现状特征，提出岩壁和边坡（裸岩边坡和渣石边坡）植被修复、坑口迹地植被修复、渣场和采石活动辅助设施占地植被修复三大修复方法，具体涵盖顶部下垂复绿法、攀援修饰复绿法、直接覆土复绿法、挡墙蓄坡复绿法、湿地植被复绿法和不干预并维持自然演替的风景式修复方法等，见图 4-26、图 4-27。

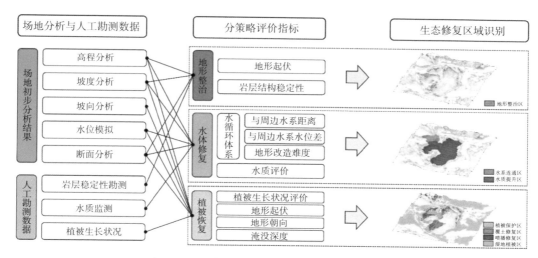

图 4-24　生态修复区域识别流程（王子尧绘制）

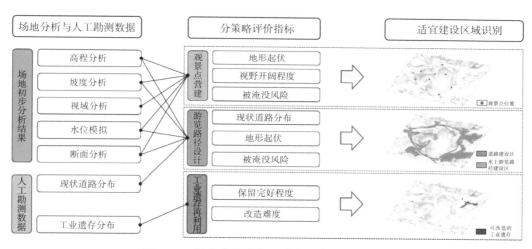

图 4-25　适宜建设区域识别流程（王子尧绘制）

南宁园博园落霞池的崖壁上方种植三角梅　　　南宁园博园峻崖潭岩壁下方覆土种植南洋杉

图 4-26　南宁园博园岩壁植被修复（孙国栋摄）

图 4-27　南宁园博园台地园植被修复（孙国栋摄）

4.1.3 "生态修复 + 安全韧性"—— 驻马店市第三污水处理厂人工尾水湿地生态修复

驻马店市第三污水处理厂人工尾水湿地生态修复坚持公园城市理念，致力于生态美好，通过生态修复，建成人工湿地（湿地植物园），实现了对上游污水处理厂尾水中各类污染物的生态净化和有效去除，项目出水达到《地表水环境质量标准》GB 3838—2002 中Ⅳ类标准，满足公园景观补水水质需求，为下游公园用水安全提供保障。同时，人工湿地通过"海绵"手段，充分发挥涵蓄水源、调节水量的作用，增强区域水韧性。此外，在保障水环境安全的基础上，湿地设立游憩活动区和"慢行系统"，为市民提供舒适、美丽、多样的休闲游憩空间，见图 4-28。

1. 项目背景

驻马店市第三污水处理厂人工尾水区域西起迎宾大道，东至京港澳高速东、南邻第三污水处理厂、北接练江河主河道，东西全长 1.4km，占地面积 40 万 m²，其中湿地面积约 20 万 m²。该区域生态修复前为一片城市废弃地，堆放大量建筑垃圾，场地内存在多个大大小小的水塘、水沟等，污水处理厂的中水大量排入其中，加之该区域虽紧邻练江河，但由于河岸阻隔，区域内积水无法汇入练江河，导致其水塘、水沟内水质逐渐恶化，成为一块"生态疮疤"，周边居民生活安全备受威胁，见图 4-29。

图 4-28 驻马店市第三污水处理厂人工尾水湿地（驻马店市湿地植物园）

图 4-29 驻马店市第三污水处理厂人工尾水区域生态修复前状况

2. 生态修复规划

（1）摸底评估

①人工尾水污染治理的迫切需求

因缺乏综合有效的治污措施，驻马店市第三污水处理厂人工尾水污染物超标，水质污染较严重。而且，人工尾水排放区域水体自然生物群落极少，生物多样性差，不足以建立完整的生产者、消费者、分解者三者健全的食物链系统，自净能力不足，难以持续消除外源污染，水体污染物逐渐积累，区域生态环境不断恶化。

②练江河景观带的重要节点

根据《驻马店市城市总体规划》，练江河总体定位为兼顾水利行洪功能的城市生态休闲区和生态廊道，也是城市南部的一条重要滨水景观带。驻马店市第三污水处理厂人工尾水区域作为练江河景观带上的重要节点，必须首先改善区域生态环境，打造安全的水环境，创造可亲近的安全空间，进而在此基础上合理布局景观节点，配套休闲游憩设施，才能够形成可游览观光、休闲娱乐的景观片区，有机融入练江河景观带。

③地域气候特点的现实要求

驻马店市地处亚热带向暖温带过渡区，属于大陆性季风气候，其季风明显、雨热同季、降水较丰沛且时空分布极不均匀的特点，导致地表径流的年际和年内变化较大，地表水利用难度大且利用率低，亟须打造一批城市"海绵"，调控雨、旱季水资源，提高地表水利用率。

（2）规划原则

①生态优先原则

驻马店市第三污水处理厂人工尾水生态修复要充分利用水生植物群落污水截留、水质净化功能和特殊生物的物种特性，用生态、科学的处理方法，达到水体净化的目的，避免二次污染的同时，促进水体提升自我净化能力，逐步创造安全的"近自然"水环境。

②综合修复原则

在通过生态修复提升水质的同时，还要建设城市"海绵体"，增强水韧性，连通练江河，真正成为练江河调水蓄水、防洪滞洪的重要一环。

③景观协调原则

服从练江河景观带建设大局，结合景观带建设需要，加强绿地与水岸的联接，注重创造优美的城市滨水景观，并完善湿地的可达性，满足市民滨河休闲、游憩的需求，有机融入练江河景观带。

（3）规划目标

一是提升湿地水质，促进湿地形成"近自然"生态水体；二是打造城市"海绵体"，增强湿地调水蓄水功能；三是建设湿地植物园，增强湿地区域连通性和居民可达性，有机融入练江河景观带。

3. 主要做法

（1）水体生态净化

①分区净化

湿地分为生态塘区、表流湿地区和沉水植物区，见图 4-30。其中，生态塘区总面积约 6 万 m^2，水面约 5 万 m^2，主要作用是降低水中 COD；表流湿地区总面积约 5 万 m^2，水面约 3 万 m^2，主要作用是降低尾水中氮磷的含量；沉水植物区总面积约 4 万 m^2，设置较为完善生物链，打造水质保育区，进一步提高出水水质。

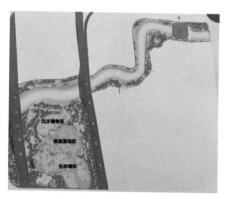

图 4-30　分区平面图

②生态除藻

当水体中藻类过多，多数物种难以生存，水体遍逐渐失去生态平衡。传统治理方法在消除藻类的同时，也危害了其他物种，即使成功清除水体中的藻类，也很难在短时间恢复河道的生机。本项目将食藻虫引入治理水体中，"食藻虫"在生态、安全地消除藻类的同时，也使水体透明度提高，为沉水植物恢复了光照条件，进而为实现生态系统的稳定打下基础，见图 4-31。

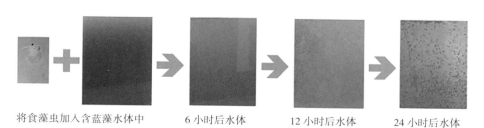

将食藻虫加入含蓝藻水体中　　6 小时后水体　　12 小时后水体　　24 小时后水体

图 4-31　食藻虫加入含蓝藻水体中水质随时间变化

（图片来源：摘自 http://www.shtaihe.com/base_show/16.html）

③系统恢复

通过在水中种植沉水植物、挺水植物、浮水植物，打造"近自然"植物群落，增加大量底泥溶解氧，使淤泥中的氧化还原电位升高，促进底栖生物及微生物的繁衍，水体生物多样性和生态系统稳定性提升，自净能力不断增强和稳定，见图4-32。

同时，打造自然式驳岸，利用自然驳岸与地下水层相互渗透的特点，起到调蓄水的作用，维系湿地水量，促进水体形成沼泽、深水区和浅滩等多样生境，为鸟类、鱼类、两栖动物和微生物提供良好的生存环境，形成水陆复合型生态系统，进一步提升水体自净能力，见图4-33。

④建坝增氧

借助湿地地形高差，设有7座溢流坝，见图4-34，与湿地水生植物共同构建梯级串联的湿地水质净化系统，延长尾水流经整个湿地的停留时间，同时跌水曝气，进一步增加水体溶氧，达到深度净化的目的。

图 4-32 "近自然"水生植物群落

图 4-33 自然式驳岸

图 4-34 溢流坝

图 4-35 浅层湿地

（2）"海绵体"建设

①浅层湿地整理

场地内大部分原始湿地类型为河水流经形成的季节性河滩、草本沼泽地，由于水位高，在雨水期有洪涝灾害，而枯水期地表常常干旱无水，湿地的稳定性差。通过水系梳理，全面整理浅河滩、草本沼泽、河滩地等天然滩涂土地，适当降低浅层湿地水位，增强浅层湿地的稳定性和供水能力，使其在枯水期保证基本水位的稳定，维持正常的生态功能；同时，在浅层湿地内设置一些生态小岛，减小雨水期的洪涝危害，并清淤通堵，畅通浅层湿地与主河道的联系，增强排水能力，保障雨季的正常生态功能，见图 4-35。

②雨水花园建设

利用低洼地带与淹没区吸蓄雨水，再通过土壤和水生植物的过滤作用滞留净化后，回补地下水，形成生态水循环的雨水花园，见图 4-36。雨水花园主要由蓄水层、覆盖层、种植土层、人工填料层及砾石层构成。蓄水层能暂时滞留雨水，同时沉淀、去除部分污染物；覆盖层能缓解径流雨水对土壤的冲刷，保持土壤湿度，维持较高的渗透率，同时在土壤界面创造适合微生物生长和有机物降解的环境；种植土层是通过植物根系的吸附作用及微生物的降解，消除各种污染物；人工填料层的设计是保证雨水能及时下渗；最下部的砾石层常埋置集水穿孔管，人工填料层和砾石层之间常铺设一层砂层或土工布，防止土壤颗粒堵塞穿孔管或进入砾石层，同时有利于通风。雨水花园可消纳小面积汇流的初期雨水，减少经流量；当雨水的收集量超过其承载负荷时，可通过溢流管直接排出场地。

此外，针对湿地水位季节性变化，为增加储水面积以维持水生植物所需环境，在雨水花园内设置"湿地泡"。将湿地泡边缘堆高 1~2m，形成边

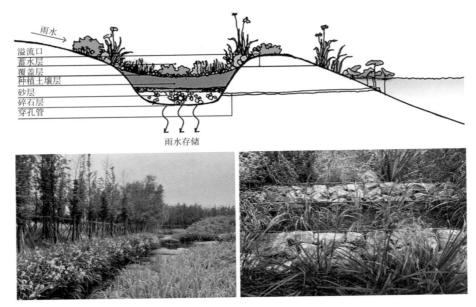

图 4-36　雨水花园

图 4-37　"湿地泡"

缘高、中央凹的地形；在湿地泡的边缘高地上种植草木等植被，形成绿色
植被景观；湿地泡的中央凹地中可蓄水并种植水生植物形成湿地，构建水
生生态系统，并通过雨水存储防止因为水位的下降而造成水生植物的休眠，
甚至死亡，见图 4-37。

　　③透水铺装应用

　　运用透水混凝土及透水砖，建设透水园路，见图 4-38。透水停车场，
结合下凹式绿地、雨水导流槽等多种节水设施，让雨水流渗地下，补充地
下水。

图 4-38 透水园路

图 4-39 生态植草沟

④生态植草沟设置

园路两侧设置生态植草沟，见图 4-39，利用其较强的净化能力和疏导能力，去除地表径流中的污染物，快速疏散聚集的雨水，高效缓解雨洪排蓄，并通过缺口设计将雨水快速转移到地下排水管道引流至人工湿地内。

（3）湿地植物园营造

①突出植物景观

一是保护优先，尽可能保留原有适生植被，保护绿色基底；二是适地适树，根据植物生长习性合理选择种植区域，树种选择以乡土树种和易于管理、成活率高、成景快的树种为主；三是景观提升，将植物作为湿地的主要欣赏对象，科学规划植物的疏密空间，合理设计植物层次，根据植物景观特征，进行合理配置，形成特色植物景观，见图 4-40。

②配套游憩设施

在保证生态安全的基础上，合理规划出游憩活动区，并考虑居民不同年龄层次和需要，依托景观空间，合理布置游憩设施，满足老年健身、儿童游

图 4-40 特色植物景观

乐、户外拓展等多元化活动需求。同时，通过慢行系统将公园的各个重要景观节点串联起来，提供慢跑、骑行等活动场所，并发挥引导游览、空间组织的功能。

4. 取得成效

（1）保障"水安全"

驻马店市第三污水处理厂每日向湿地排放尾水约 3 万 t，湿地公园库容量 5 万 t，中水停留时间约 48h，年处理尾水约 1000 万 m³。目前湿地内由菖蒲、梭鱼草、水生美人蕉、金鱼藻、苦草等 20 多种水生植物为基础形成的生态净化体系，有效降低尾水的氮磷含量、削减营养盐，净化后的水质达到《地表水环境质量标准》GB 3838—2002 Ⅳ 类标准，见图 4-41，保障了区域水环境的安全。尾水回用为练江河东段景观工程绿化用水和河道生态补水，有效地改善了练江河东段的水环境质量，也为国控、省控地表水断面的水质达标奠定了良好的基础。

（2）增强水韧性

人工尾水湿地通过建设"海绵体"，起到了涵蓄水源、调节水量的作用，可在丰水期存蓄雨水，增强地表水利用率和利用时长，缩短湿地枯水

图 4-41　净化后的湿地水环境

期；同时，可在枯水期充分吸纳雨水，减少地表水流失，结合地下水反渗补给，保障湿地植物正常需水量和水体净化功能的稳定。

4.1.4 "生态修复 + 生物多样性保护"—— 广州市海珠国家湿地公园生物多样性恢复

野生动物既是战略资源，也是生态系统中的重要功能要素，在完善生态系统结构、增加景观元素和提升生态品质上有着不可替代的作用。鸟语花香是人们理想的生活环境，动物的存在及其多样性是城市生态质量提升的一个重要标志。广州市海珠国家湿地公园生物多样性恢复充分彰显了公园城市生态价值实现的理念，通过良好的生境营造、野生动物重引入等技术进行恢复，打造出动物资源较为丰富、人与动物和谐相处、具有本地特色的动物进城示范点，实现湿地生态系统完整性和生物多样性共同恢复的目标，见图 4-42。

1. 项目背景

2009 年，广州市委、市政府提出整体推进城市环境保护和生态文明建设，制定《广州市建设花园城市行动纲要（2009~2015）》，要求由市林业和园林局牵头组织自然生态保护行动，开展野生动植物资源保护计划，启动"野生动物进城"保护工程。2013 年，通过对海珠湿地区域的本底资源调查，共记录到兽类 2 种、两栖爬行类 2 种、鸟类 20 余种。从调查结果上看，尽管海珠湿地植被较好，但其大部分区域前身为果园，植被结构较为单一；同时，因部分区域完工时间短，移植的植物还未充分长成，导致整体区域内的动物种类和数量都不丰富，见图 4-43。针对海珠湿地生物多样性现状，有必要将其纳入"野生动植物资源保护计划"和"野生动物进城"系统工

图 4-42 广州市海珠国家湿地公园（尹金山摄）

程，进一步实施生态修复，努力提升其动物多样性。

2. 生物多样性恢复规划

（1）摸底评估

①湿地主要鸟类优势不足

就调查结果而言，海珠湿地的动物资源并不乐观，特别是在鸟类方面：公园内以雀形目等小型鸟类为优势种，水禽和涉禽等湿地主要鸟类并不多见。

图4-43　海珠湿地生态修复前植被状况
（林志斌摄）

②野生动物恢复潜力巨大

海珠湿地周边环境较好、具有大面积水体、湿地内岛屿和植物资源丰富等条件使其具备了野生动物恢复的生态本底和优势。

（2）生态修复原则

①尊重自然，生态优先

引鸟工程尊重自然规律，遵循生态学原理，在优先考虑生态功能完善的前提下，结合区域经济社会发展需求，协调人和自然的可持续发展，开展湿地生态建设。

②全面统筹，系统多元

鉴于鸟类的栖息地需求特征，引鸟设计以海珠湖公园区域为基础，兼顾邻近的河涌湿地；在招引鸟类时，重点考虑湿地鸟类，同时要兼顾其他鸟种；招引手段以生境改造与营建为主，同时可以考虑根据食物链调控机理予以招引。

③因地制宜，扰动最小

根据区域自然、经济、社会特征开展相应的设计，特别是要充分利用区域现有条件，包括尽可能地保留原生植被、原水体形态、自然地形地貌、鸟类资源时空分布特征等，同时避免干扰其他物种栖息地，遵循区域生态系统内在的机理和规律，努力维持湿地的原生态性，促进动植物群落自我恢复。

④人工辅助，自我维持

引鸟工程在初期阶段以人工设计、调控为主，等系统发育相对成熟以后，逐渐减少人工干预程度，促进实现自我调节和维护，创造出更加适宜当地鸟类生存的环境。

（3）规划目标

一是通过在公园内栖息地修复，开展鸟类生态招引工作，打造多样化的生态环境，吸引更多湿地鸟类和迁徙鸟类在此栖息和繁衍，提升生物多样性；二是建造一个水鸟及林鸟栖息和频繁到访的亲鸟公园。

3. 主要做法

（1）确定恢复目标物种

以项目区域鸟类及其栖息地的本底调查为基础，收集和调查项目区域、周边区域及历史物种数据和栖息地信息，通过"历史—现状"中物种差异分析，确定现有物种名录和历史物种名录，分析历史物种名录与现有物种名录之间的落差，找到历史上消失的物种名录，将历史消失的物种名录与周边物种名录进行对比，确定出消失物种中在周边仍存在的物种名录。最终，确定恢复目标物种主要为鹭鸟类、雁鸭类、林鸟类等鸟类。

（2）鸟类栖息地营建

根据目标物种和项目地现状，按照不同鸟类类群对栖息地不同的需求，将项目地划分为4种类型的栖息地，包括鹭鸟类、秧鸡类、雁鸭类和林鸟类，分别提出生态修复要点。

①鹭鸟类栖息地

主要招引对象为苍鹭、白鹭、夜鹭等。主要选择水深0.3m左右的滩涂及浅水区域，或高出水面0.5m左右的小岛，在滩涂及浅水区域成片种植挺水植物，围合成若干小面积的安全区域；在水岸或小岛种植密林作为繁殖地；宜选用分枝多的本土树种，偏重于四季挂果和蜜源植物，见图4-44。

②秧鸡类栖息地

主要招引目标为黑水鸡、白胸苦恶鸟等。秧鸡类物种多营巢于水边或水中茂密的灌草丛中，故选择水深0.5m以下的大块浅水或难涂地，水体基

图4-44 鹭鸟类栖息地（谢惠强摄）

图 4-45　秧鸡类栖息地（谢惠强摄）　　　　图 4-46　雁鸭类栖息地（谢惠强摄）

质以当地鱼塘基质为主，在水体内随机营造若干水草区，水草以挺水植物为主，采用多种水草密植（保证至少 5 种），水生植被覆盖率宜在 60% 左右，见图 4-45。

③雁鸭类栖息地

主要招引目标为雁鸭类，如鸿雁、绿头鸭、斑嘴鸭等。雁鸭类喜在岸边或小岛筑巢，故选择水深在 0.3~2m 的开阔水域，各水域间相互联通，在水域中构建生态岛或打造曲折的自然驳岸。此外，水岸边可适当种植一些十字花科、禾本科、豆科植物，为野鸭在此越冬创造一定的条件，为其提供充足的植物性食物，见图 4-46。

④林鸟类栖息地

主要招引红耳鹎、喜鹊、家燕、画眉等林鸟。海珠湿地前身为"万亩果园"，保留有较多果树资源，果林可为林鸟提供繁殖、觅食和栖息场地。不足的是场地内果树品种多样性较低，因此对林鸟类栖息地的生态修复需根据招引目标鸟类喜食情况丰富植物种类，做到四季有果，以便全年吸引林鸟类来此栖息、活动，见图 4-47。此外，早春季节是湿地鸟类食物资源相对匮乏的时期，适当增加早春季节挂果植物种类，如苦棘、枸骨、冬青等，同时适当增加夏季结果树种，如桃、李、杏、枇杷等。

（3）分区保护

根据现状资源条件以及鸟类对生境的喜好、分布特点、生态习性等，实施分区保护，将湿地公园划分为鹭鸟区、野鸭区、大雁区、秧鸡区、林鸟区和保留区六个分区，

图 4-47　林鸟类栖息地（谢惠强摄）

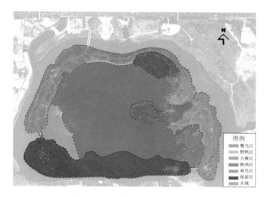

图 4-48 鸟类保护分区图

图 4-49 鹭鸟区保护效果（谢惠强摄）

图 4-50 野鸭区保护效果（谢惠强摄）

图 4-51 大雁区保护效果（谢惠强摄）

见图 4-48，其中保留区暂不规划设计，让自然做功、自我修复，为湿地公园保留发展空间。

①鹭鸟区

重点保护物种为白鹭、夜鹭、池鹭、鸬鹚。一是设置长 12m、宽 5m、高 3m 的管护用房，内设管护人员用房、饲料房和育雏房；二是放置鹭鸟笼舍，利于鹭鸟过渡性适应；三是在小岛上密植平均高度为 3m 的竹子、榕树和相思树，为鹭鸟提供良好的栖息环境；四是小岛边缘增种芦苇菖蒲等挺水植物，起到遮蔽和缓冲作用；五是湖心岛四周用浮球围闭，避免游船、工作船只等干扰，见图 4-49。

②野鸭区

重点保护物种为斑嘴鸭。一是设置野鸭笼舍，利于野鸭过渡性适应用；二是岸边种植竹篱等作为植物隔离带，降低人类活动影响；三是建造浮排，为野鸭提供休息和喂食平台，见图 4-50。

③大雁区

重点引入物种为鸿雁。一是放置大雁笼舍，大雁过渡性适应用；二是岸边种植竹篱等作为植物隔离带，降低人类活动影响；三是建造浮排，为大雁提供休息和喂食平台；四是小岛边缘增种芦苇菖蒲等挺水植物，起到遮蔽和缓冲作用；五是岛上种植一棵小叶榕，起到遮阴作用，并为鹭鸟和林鸟提供栖息地，见图 4-51。

④秧鸡区

重点引入物种为秧鸡类（黑水鸡、白胸苦恶鸟）。一是放置秧鸡笼舍，秧鸡类

图 4-52　秧鸡区保护效果（谢惠强摄）

图 4-53　林鸟区保护效果（谢惠强摄）

图 4-54　鸟类招引措施（谢惠强摄）

过渡性适应用；二是岸边种植竹篱等作为植物隔离带，降低人类活动影响，见图 4-52。

⑤林鸟区

重点引入物种为珠颈斑鸠、山斑鸠、红耳鹎、乌鸫、八哥。在该区植被较为稀疏的地方加种蜜源植物（木棉、白兰、含笑、洋金凤等，约 12 棵）和结果植物（番石榴、人面子、冬青、桑树、构树、苦楝等，约 20 棵），见图 4-53。

（4）鸟类招引与重引入

针对周边地区分布较多且栖息地需求与目标区域较为一致的物种，采用放置鸟类模型、声诱和营造栖息地等方法招引周边鸟类前来活动与定居；针对当地已消失的物种，根据 IUCN 重引入指南对人工繁育成功或救护的个体重引入，见图 4-54。

4. 取得成效

（1）生物多样性增加

①物种数量增加

历时两年多的野生动物恢复示范工程的示范点建设，通过人为引入 1222 只隶属 7 目 8 科 25 种的鸟类，增加了海珠湿地野生动物数量。当前，海珠湿地内可以观察到大白鹭、白鹭、夜鹭、苍鹭、黑翅长脚鹬、金眶鸻、须浮鸥、斑嘴鸭、绿翅鸭、花脸鸭、鸳鸯、琵嘴鸭、普通鸬鹚等 20 余种水鸟在海珠湖及其周边区域内活动。

②物种多样性显著提升

海珠国家湿地公园自 2014 年生态修

图 4-55　海珠湿地候鸟——黑翅长脚鹬迁飞图
（谢惠强摄）

图 4-56　海珠湿地鹭鸟（谢惠强摄）

图 4-57　海珠湿地成为摄鸟天堂

复工程基本完成，鸟类多样性提升便初有成效，从 2013 年的 5 目 17 科 27 种鸟类发展至 2018 年的 13 目 29 科 76 种鸟类，形成良好湿地鸟类景观。

③鸟类类群组成显著改善

2013 年到 2018 年表现良好的鸟类共有 45 种，其中 20 种是 2013 年就存在的，25 种为新增表现良好物种。2013 年表现良好物种中，候鸟仅有 4 种，包括小白腰雨燕、北红尾鸲、褐柳莺、黄眉柳莺等；水鸟仅有一种，即池鹭。生态修复之后，新增表现良好物种中有 10 种候鸟，如小䴙䴘、黑尾蜡嘴雀等；有 12 种水鸟，包括苍鹭、草鹭、白鹭、夜鹭等鹭鸟类以及鸿雁、鸳鸯、斑嘴鸭等雁鸭类，见图 4-55 和图 4-56。候鸟和水鸟都是对生态环境十分敏感的鸟类种群。它们的"回归"表明海珠湿地生态修复后的生态环境进一步提升，越来越多的候鸟或水鸟将海珠湿地作为其越冬地或繁殖地，促进湿地鸟类类群组成得到显著改善。

（2）自然游憩功能提升

伴随着海珠湖野生动物数量的回升，不但吸引了大量摄影爱好者前来拍摄，还引来了中小学生、自然教育、观鸟协会等社会团体前来感受在城市中难得一见的生态景观。湖面上灵动的水鸟，刚刚破壳而出的雏鸟，无不引发出人们对动物和自然的爱。海珠国家湿地公园生态修复，在为野生动物提供了更多适宜栖息和取食的空间的同时，也为城市居民弥补了"自然缺失"的遗憾，见图 4-57。

4.2 服务于生活幸福的生态修复安全再利用模式

公园城市以"人民对美好生活的向往"为根本，引导城市发展从生产导向转向生活导向，充满为民情怀，是人民美好生活的价值归依。所以，人民生活在城市中的幸福感与获得感成为衡量一个城市优秀与否的核心标准，高质量的生活环境与城市空间审美意境也成为城市发展的核心竞争力。而城市中一些区域已经无法满足新时代居民对生态环境需求和对高品质生活的向往。所以，在这些区域必须开展生态修复，通过空间改造、功能升级、文脉传承等途径，促进城市高质量发展，为居民提供高品质生活空间。

4.2.1 "生态修复 + 城市更新" —— 武汉市金口垃圾填埋场生态修复

以举办第十届中国（武汉）国际园林博览会为契机，武汉市金口垃圾填埋场通过生态修复，华丽转身，成为武汉园博园的重要组成部分，成功更新为"精典荟萃"的生态景观带和永久性城市"绿肺"，为市民提供了生态良好的安全保障、诗意栖居的理想场所和高质量的游憩活动空间，周边居民从环境恶化的受害者，转变为生态修复的受益者，见图 4-58。

1. 项目背景

武汉市金口垃圾填埋场位于汉口西北郊金口张公堤外侧，填埋区面积 40.86hm^2，因沿张公堤自南向北推进填埋，形成沿堤长约 1300m，宽约 350m 的填埋堆体。堆体北面是长 1300m、宽约 50m 的污水集存处理区，共约 600 亩。1989 年启用以来已累计填埋垃圾量约 502 万 m^3，按填埋堆体特征区分为四个分区，见图 4-59。由于金口垃圾填埋场选址和建设时间较早，当时的建设标准和要求又比较低，加之资金投入有限，从而造成了填埋场的"先天不足"，无法满足新时期市民需求和城市发展需要，周边居民的投诉不断。2005 年，武汉市不得不提前关闭这座当时武汉市规模最大的垃圾填埋场。关闭后，虽然管理部门对填埋场封场，但是积存的垃圾仍然产生

图 4-58　武汉园博园

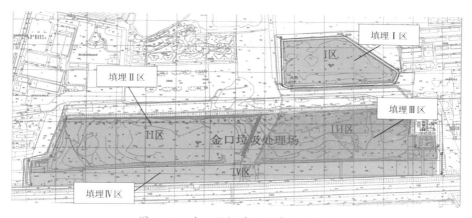

图 4-59　金口垃圾填埋场填埋分区图

填埋气体、垃圾渗滤液等污染物，对周边环境产生二次污染，影响周边居民生活品质，见图 4-60。

2. 生态修复规划

（1）摸底评估

①城市转型的巨大挑战

武汉北部一道百年防洪设施张公堤存废两难，阻碍城市北扩。堤边亚洲最大的单体生活垃圾填埋场——金口垃圾填埋场废弃十年，垃圾堆积如山，垃圾腐化产生的渗漏液，流出地表，汇聚成乌黑、油腻的湖塘，数

图 4-60 金口垃圾填埋场区域生态修复前状况

十万居民受其害，举家搬离，区域内棚户区脏乱，经济凋敝，成为武汉城市更新和转型发展所面临的严峻挑战。

②治理"城市病"的重要课题

武汉三镇六片自然绿地楔入城区，与江河、湖泊、山体共同润泽城市生态。但武汉的城市环线，尤其是包含金口垃圾填埋场这一"生态疮疤"的"城市发展阻隔线"，切割了武汉城市绿楔，让风与水、植物与动物等种种生态信息割裂两端，导致绿楔"生病"、萎缩，城市生态效应衰退。这一城市"生态病"，成为第十届中国（武汉）国际园博会要解决的重要课题。

（2）规划原则

①变废地为宝地

在生活垃圾场上建园，采用生态技术，对深埋地下的垃圾进行无公害化处理，变废地为宝地，化腐朽为神奇，对城市废弃地永续利用进行有效探索。

②变分割为融合

巧妙利用地形特点及生态的手段，为三环线进行大手笔的道路复层绿化，通过生态桥的方式进行生态修复，跨越三环线，连通割裂的两个区域，实现"生态织补"的生态理念。

③变城郊为城中

打破郊区办园博的先例，首次在城中的建城区建园博园，并联系周边的社区，使这个区域一些原有的城郊接合部真正融入城市怀抱，更大地惠民于一方百姓。

④变孤立为系统

结合张公堤城市公园群的"一带十园"，使园博园不再是一个孤立的园区。通过武汉园博园的建设，带动整个"一带十园"的建设，让园博园融入到"一带十园"之中。同时，园博园又和金银湖的生态水系进行有效连接，使原本孤立的园区与整个城市的绿地系统有效的进行对接与融入，更加体现了山、水、城相融合的特色。

（3）规划目标

通过"北掇山、南理水、中织补"的方式联系南北地块，生态修复的方法激活生活垃圾填埋场，改善它的面貌，构成东西方向生态"荆山"山轴与南北方向"楚水"水轴，形成十字型"山水连枝，双轴两区"的整体格局，见图 4-61。

园区内以楚文化进行设计构思，以山水十字轴为线索，分别展示最湖北、最武汉的文化元素，展示湖北地域广袤山河与丰富物产以及人文风情；

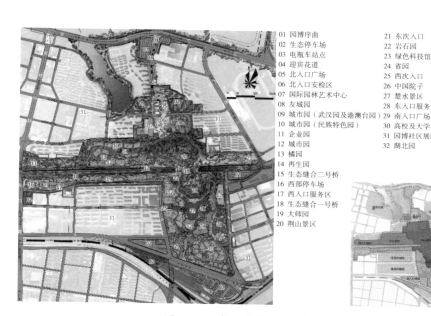

01 园博序曲
02 生态停车场
03 电瓶车站点
04 迎宾花道
05 北入口广场
06 北入口安检区
07 国际园林艺术中心
08 友城园
09 城市园（武汉园及港澳台园）
10 城市园（民族特色园）
11 企业园
12 城市园
13 橘园
14 再生园
15 生态缝合二号桥
16 西部停车场
17 西入口服务区
18 生态缝合一号桥
19 大师园
20 荆山景区
21 东次入口
22 岩石园
23 绿色科技馆（覆土建筑）
24 省园
25 西次入口
26 中国院子
27 楚水景区
28 东入口服务区
29 南入口广场
30 高校及大学生竞赛园
31 园博社区展园
32 湖北园

图 4-61　武汉园博园规划布局

结合地形，构建展示湖北植物和地域生境的山体景观和展现江汉平原水体特征的水系景观；结合功能建筑，打造具有湖北建筑和民居特色的特色文化建筑景观。

3. 主要做法

（1）因地制宜，生态处理

根据垃圾的污染程度和稳定化程度，分为 4 个分区分别采取最适宜的好氧技术、封场覆盖技术、渗滤液和填埋气体处理技术治理。经过修复后的金口垃圾填埋场，其渗滤液经 DTRO 处理达标后循环利用，用于园博园绿化灌溉，见图 4-62。

（2）生态织补，海绵园区

金口垃圾填埋场南边以前是鱼塘沼泽，顺势而为挖塘形成"楚水"。掘湖所得土方，城市产生的渣土，在垃圾场顶部堆放、夯实，形成"荆山"。通过构建中国最大的生态织补桥，将荆山部分山体，跨过武汉三环，与南区接壤，见图 4-63。同时，借水循环通道，金银湖水"上"荆山，跨环线，进入一湖七岛四溪的"楚水"。山水飞跃绕城路，南北割裂的绿楔重新缝合一体。

图 4-62　金口垃圾填埋场生态处理

以 LID 低冲击开发为理念，海绵园区建设为抓手，建设低影响、低维护的节约型园林为目标，通过巧妙游线组织、集约化布局节地，因地制宜进行地形设计，设置系列雨水花园与楚水、杉杉湿地形成武汉地域水环境，建设海绵园区。将

图 4-63　生态织补桥

"渗、滞、蓄、净、用、排"的各项措施贯彻在设计之中，并创造性地增加了"引"的措施，将园区建设成"自然积存、自然渗透、自然净化"的"海绵体"，使园区能够适应环境变化，在应对自然灾害等方面具有良好的"弹性"，见图 4-64。

（3）绿道串联，"一带十园"

以武汉园博园为核心，带动了武汉北部张公堤城市公园群的整体建设，将 30km 长的张公堤"灰道"变绿道，串起近 30km² 的 10 座或湿地、或湖泊、或文化、或体育等不同主题的新建公园，完成了整个武汉北城郊接合部的生态系统、交通系统、城市基础设施配套等方面的城市更新，数以十万计市民每日进出赏景、休闲、娱乐、健身，如逛自家花园，见图 4-65。

图 4-64　海绵园区

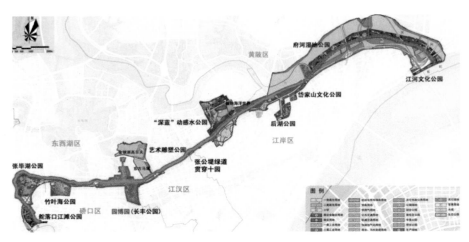

图 4-65 "一带十园"城市公园群规划图

（4）"掇山理水"，文脉传承

利用园区北部垃圾场封场堆土约 80 万 m³，打造实土真山——"荆山"，形成一脉两坡三峰格局，主峰高度 15m，是湖北特色植物的秀场，形成百花迎春、百果映秋的景象，营造"春揽荆山、秋染霜林"的湖北山体生境景观氛围。其间布置了特色风情城市展园，企业展园以及茶圣园、创新城市园等特色园区，将垃圾填埋场生态修复与园林植物造景艺术完美结合，见图 4-66。

园区南部在 6 万 m² "楚水"旁，连接了杉花溪、芊竹溪、芙蓉溪、海棠溪 4 条小溪，形成一湖七岛四溪格局，水深 2m，利用中国园林经典造园理水手法，呈现湖溪相连的江汉平原水网特征。以《楚辞》中的植物为造景元素，形成极具地域特色四条花溪及水岸景观，七岛中结合经典的城市展园、花语演绎舞台、翔鹤岛等景点布局，营造楚韵流香、七星伴月的景致，见图 4-67。

此外，园区景点从景观特色取意到材料选取，始终突出武汉"楚风汉韵"的地域文化，并运用湖北民居的建筑语言构筑"楚院汉街"，呈现湖北民居的文化魅力，让园林"望得见山，看得见水，记得住乡愁"，见图 4-68。

4. 取得成效

（1）生态修复技术成为行业样板

以垃圾填埋场修复治理作为园博会用地，是历届园博会及垃圾填埋场综合利用的一大创举。金口垃圾填埋场的好氧修复工程是全球规模最大的单体垃圾填埋场好氧修复项目，是全球首例生态修复和非修复工程建设同

图 4-66 荆山景观

图 4-67 楚水景观

图 4-68　地域景致

步进行的好氧工程项目，是在同类工程中设计难度和施工难度最大的项目。项目以其不用开挖搬迁的原位修复技术和 2 年左右的短修复周期、修复过程不产生二次污染、减排贡献高而深受关注。

（2）区域居民幸福感大幅提升

金口垃圾填埋场区域生态环境的改善使得周边居民成为最直接的受益者。园博园建成后，在园博园周边区域发现世界几度濒危的全世界仅存 400 余只的鸟类——青头浅鸭。园区内外和"一带十园"的植物生意盎然，天鹅、鸳鸯、松鼠、蜻蜓等各类动物回归，为市民提供了交流、散步、游玩、休闲、融合自然关系的绿色大空间，见图 4-69。同时，园博园引发了周边居民的"回迁潮"。园区周边各社区居民纷纷回迁，回归居民近 10 多万人。群众纷纷点赞，人民幸福感大幅提升，亲切地称之为"我的园博我的家"。

（3）区域产业成功转型

园博园各场馆和汉口里、特色展园等众多园林文化景点，逐步导入产业化运营模式，将发展停滞的城市废弃垃圾填埋场区域，打造成为以武汉园博园为核心的自然教育、婚庆活动、汉口里庙会、花灯会、音乐节、竹床民俗节、城市乐跑、园林花卉、运营管理等产业品牌，带动了区域产业转型发展，见图 4-70。

图 4-69 我的园博我的家

图 4-70 区域产业转型发展

（4）全面展现城市魅力

金口垃圾填埋场生态修复与武汉园博园建设，从根本上改变了武汉北部区域的生态结构和生活方式，并在"健全体系、优化布局、完善功能、管控底线、提升品质、提高效能、转变方式"等方面，进行了有效有益的探索。第十届中国（武汉）国际园林博览会先后获得中国人居环境范例奖、中国低碳榜样案例奖、中国人权事业发展案例奖、广州国际城市创新奖、联合国 C40 城市气候领袖群第三届城市奖等众多荣誉和称号，多方位展现了武汉城市魅力。

4.2.2 "生态修复+绿网编织" —— 福州市绿地系统生态修复

福州市绿地系统生态修复立足"山水城市"的特点，植入"有福之州、幸福之城"的福文化品牌，在中心城区规划形成"一环、两带、八楔、六网、十一群"的城市绿地系统空间结构，见图 4-71；以水系蓝绿空间为纽带，以山体和各类公园绿地为重点，以重要道路沿线绿廊为补充，构建出"沿江、沿河、环湖、达山、连公园"的"绿岛链"布局，见图 4-72，形成20 个慢行休闲片区和总长约 1200km 的 132 条绿道，见图 4-73。福州基本建成了以水系和滨水绿带为基础，以山体和山地步道为特色亮点，以大型

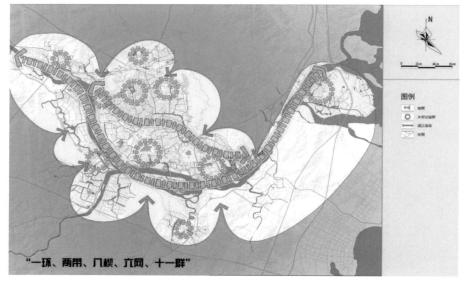

图 4-71　福州城市绿地系统规划结构

图 4-72 福州的"绿岛链"布局图

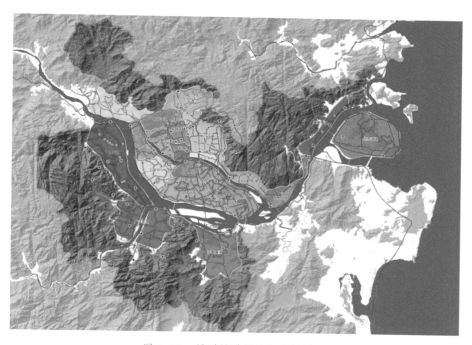

图 4-73 福州绿道网络体系规划图

生态公园和串珠公园为重点的绿地系统生态网络,同时构建了具有山水城市特色的绿道系统,让市民获得了满满的"幸福感"。

1. 项目背景

福州是一个典型的山水城市,中心城区 58 座山体呈组群状分布,山体总面积约 30.8km²,占福州盆地规模的 6.8%,占福州中心城区规模的

10.2%，是城市重要的生态基底和斑块；主城区共有 107 条主河和 49 条支流，总长度超过 274km，汇水面积 300 多 km²。福州"城在山中、山在城中"，"两江穿郭、百河入城"，山水资源丰富，但是也面临着人多平地少，人地矛盾突出的挑战。在快速城市化的过程中，城市生态环境也出现一些突出问题。

一是山体及其景观格局受损。城市建设过程中因山体开挖、取土、废弃物填埋造成山体本体或边缘受损，形成大小不一的边坡，造成山体风貌被破坏，见图 4-74、图 4-75；部分山体被建设用地侵占，降低了山体的公共性，还造成了山体景观资源和文化遗存的受损；高层建筑围山而建，重要山体之间、城市与山体间的视廊被阻断且难以恢复，山、水、城空间格局和景观格局受到破坏。二是水系生态系统受损。内河环境遭到了破坏，导致了内涝频发、水体黑臭、滨水脏乱差、生态功能低等一系列典型问题，见图 4-76。三是绿地系统碎片化，生态功能弱化。由于快速城市化的进程以及绿地系统建设的相对滞后，福州绿地系统格局较为破碎，绿地分散、连通性差、缺乏生态廊道等问题日益凸显，其中以鼓楼、台江为核心的中心地带绿地呈现高度碎片化；另外，城市公园绿地的建设过于重视景观效

图 4-74　鼓山闽江沿线山体受损

图 4-75　牛岗山因道路建设侵蚀山体

图 4-76　城市内河黑臭、淤塞、内涝等典型问题

（图片来源：《福州海绵城市专项规划》）

果，忽视生态性，使得城市绿地的生态功能没有得到充分改善。

2. 生态修复规划

福州山水城市绿地系统生态网络的构建，关键在于山体生态保护修复和建设，在于蓝绿空间的生态化重构建设。福州市抓住山体和水系这两个重点，根据山水的特征、山水与城市的格局关系、地理气候条件、水文条件、生态受损的情况等，有针对性的开展绿地系统生态网络的修复，既提高生态服务功能，又能更好地造福于民，尤其是以城市生态环境存在的问题为导向，结合黑臭水体治理、海绵城市、城市双修等国家试点工作，重点开展山体保护修复、水系生态修复和绿地系统生态修复工作。

（1）山体生态修复规划策略

①格局保护

保护福州市城市山体的总体格局，重点保护"三山、两轴、一环"的城市山体空间格局。控制福州闽江、乌龙江与沿江山体之间的视线通廊，以形成山水相融的城市景观格局，严格控制中心城内山—山、山—水、山—城市重要公共开敞空间之间的通视廊道。严格控制山体本体绿线，控制山体周边一定范围内地块的建筑高度，保护以山体为背景的城市风貌。

②还山于民

对山体规划绿线内与功能、风貌和生态保护不相符的建筑，逐步迁移清理；山体绿线内除了必要的山体公园管理、安保和游览配套服务设施外，不再允许新建任何与公园发展无关的建设项目，还山于民，还绿于山，修复山体，建设山地公园。

③生态修复

对于因采石取土或城市建设导致的滑坡、崩塌、高边坡等山体受损，根据山体的不同受损类型，通过山体加固、场地整理、修建排水系统等措施，在确保加固结构安全可靠的前提下，采取多样化的生态修复方法。既有采取地带性植被为主的植物生态修复方法，也采用与景观造景手法如人工塑石等相结合修复受损山体；同时，还应巧妙吸纳利用城市建设的渣土，对一些受损山体堆山修复，重塑破碎化的山体。

④低影响建设

科学合理地利用山体，建设符合百姓休闲健身需求的山地公园，既造福于民，又有力的促进山体的全社会关注和保护，但是这些建设活动，应当是低影响的方式，并结合生态修复共同实施。山地公园的步道选线布局和施工过程是最为关键的环节，需注意对现状资源和地形的保护及利用，做到依山就势、因地制宜。山地的低影响建设，还可以遵循海绵城市设计的理念，根据福州山体地貌地质的特点，在保护优化山体植被的同时，按照分散式、近自然的方式，组织山地地表径流，营造丰富的溪、涧、滩、潭、塘等，也有助于消减山谷山洪对下游城区的影响。

（2）水系生态修复策略

①系统性修复

福州水系治理及修复的过程中，遵循《城市生态评估及生态修复标准》T/CHSLA 10003 中"源头减排、过程控制、系统治理"的原则，强调整体系统，坚持水陆一体、协同治理，有效改善河道生态状况，综合考虑上下游河道情况，采取系统性的流域治理策略，不基于单一的某条河流，同时把城市内涝治理、污染源治理、水系周边环境治理（生态化建设）、水系智慧管理和黑臭水体治理五件事一起考虑，同步实施，环环相扣，全面践行全域海绵建设理念。

②多样化修复

根据地貌和水动力学特征的河流分类方法，福州城市范围内包含了潮汐河流、平原河流和山地河流三大基本类型，在水位变化、流速、平面格局、断面构成、生境异质性和生物多样性等方面均有不同的特征，见图4-77，应采取不同的生态修复和景观策略。

图 4-77　福州市区三类河流的分布图

从河流平面布局来看，潮汐河流关键是留出潮间带和河滩地；平原河流留足水体和滨河绿地生态空间，避免河流布局的"干流化"和"井字化"；而山地河流平面要保障汛期泄洪的通畅，还要关注枯水期河床蜿蜒曲折的变化。

从河流断面来看，不同河流差异明显，但是不论何种河流断面形式，必须根据水流流速、地基承载力和景观风貌等的要求，在堤岸结构安全性的前提下，综合性地选择生态堤岸的类型，以达到安全、生态、美观的综合目标。

从植被景观来看，潮汐河流的潮间带、河滩地以及山地河流的河滩地，具有较强的水位涨落和冲刷等水陆交互过程，植物配置更需要"近自然化"；而平原河流的滨河绿地、潮汐河流及山地河流的岸上绿地，水流影响较小，植物配置具有多样的选择，可以较多地体现美观性、文化性、地域性、功能性等愿景。

③"近自然"修复

水系生态修复强调岸上岸下一体化设计建设，按近自然型河流进行规划设计，参考《福建省万里安全生态水系》的要求，具体体现"九有"：有自然弯曲的河岸线；有深潭、浅滩、泛洪漫滩；有天然的沙石、水草、江心洲（岛）；有常年流动的水，水质达到水功能区保护标准；有丰富的水生动植物，具备生物多样性；有安全、生态的防洪设施；有野趣、乡愁；有划定岸线蓝线、落实河长制；有会呼吸的水岸。

④生态与人文融合修复

滨水绿地是城市绿地系统中重要的带状绿地，是塑造滨水景观的重要主体，景观要素包括了植被风貌、岸线形式、慢行步道、服务设施等。福州滨江和内河边往往还是福州历史文化要素的承载地，留有诸多的文化资源，也是重要的水文化景观。其中蓝绿空间中的慢道布局应有利于水体敞露，慢道选线应有利于亲水性景观的塑造，慢道选型应有利于滨水景观的协调，植物景观在强调多样性、乡土性的基础上，还应注重营造丰富的季相特色和富有变化的滨水林冠线、林缘线。同时，要始终高度重视和保护滨水的文化遗存，"一街、一宇、一桥、一木"都应被认真对待的，恢复历史记忆的元素，增加人们对城市家园的认同感，充分展示福州内河文化资源，创建内河文化名片。

（3）绿地系统生态修复策略

结合福州内河水系修复治理，同步进行滨水绿带建设，不断创新"生态修复+"理念，提升滨水绿带的综合服务功能，进而形成连续不断、有机衔接的城市生态通道、绿色走廊、人文空间。让"串珠"成为福州水系生态修复与绿网构建中最具特色的空间布局形式，一方面以沿岸步道和绿带为"串"，另一方面以有条件、可拓展的块状绿地为"珠"，串绿成线、串珠成链。

借鉴内河串珠公园的方法，结合道路和街头绿地，建成道路串珠公园、社区串珠公园，将不同类型的线性绿地与块状绿地相结合，构建连续不断的绿色空间；同时，大力推进以城市道路为载体的林荫路和路侧带状绿地的建设，是其构建城市绿地系统生态网络的一个重要组成部分，促进林荫道路、林荫等候区、林荫公交站、林荫停车场等逐渐形成城市林荫网络。

3. 主要做法

（1）山体保护与生态修复

根据《福州市山体保护规划》，中心城区的 58 座重要山体分为三个级别保护，其中一级保护山体 11 座，二级保护山体 20 座，三级保护山体 27 座。其他未列入保护等级的低丘山地，结合地块的建设开发和文化景观资源的挖掘，实施生态修复，建设各类型公园绿地，见图 4-78。近年来，根据不同等级的保护要求，已进行 17 座山体的保护及修复的工作（表 4-2、图 4-79~ 图 4-83）。主要内容有：一是根据山与水、山与城之间的空间关系，管控视线通廊和周边城市高度控制；二是推进还山于民、还绿于山，搬迁不符合规划的建筑；三是山体修复，包括山体滑坡整治、废弃地生态修复、采石场整治、裸露山体整治、植被修复等；四是推进风景点、步道

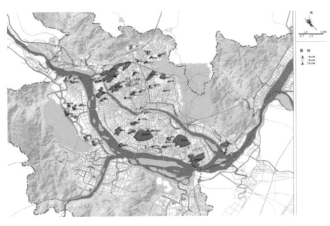

图 4-78　福州市中心城区山体分级保护规划图

福州市近几年主要山体保护及建设项目　　　　　　　　　　　　　　　表 4-2

序号	山体对象	位置	保护等级	规模（hm²）	主要内容
1	屏山	鼓楼	一级	16.8	视廊和周围高度管控、外迁驻山单位、生态修复、增设步道、增加出入口、优化植被、提升景观、按照历史风貌区保护修复
2	乌山	鼓楼	一级	19.6	视廊和周围高度管控、外迁驻山单位、生态修复、增设步道、增加出入口、优化植被、提升景观、发掘摩崖题刻、恢复历史遗迹、按照历史风貌区保护修复
3	于山	鼓楼	一级	9.8	视廊和周围高度管控、外迁驻山单位、生态修复、增设步道、增加出入口、优化植被、提升景观、按照历史风貌区保护修复
4	烟台山	仓山	一级	2.3	视廊和周围高度管控、生态修复、提升景观、按照历史风貌区进行保护修复
5	金鸡山	晋安	一级	103.5	生态修复、建设无障碍的览城山地栈道、基础设施建设、提升景观和夜景、林相改造、打造地标性休闲服务建筑
6	冶山	鼓楼	二级	2.1	外迁驻山单位、以风貌区、遗址区进行整体保护、古建遗址修缮及保护、建设冶山春秋园遗址公园、提升景观
7	金牛山	鼓楼	一级	174.0	受损山体修复、绿化植被提升、微创式建设无障碍森林栈道"福道"、提升景观、基础设施建设、山地海绵公园
8	福山（含大腹山、科蹄山、五凤山三山）	鼓楼	一级	150.0	生态修复、森林植被优化、建设路、桥、洞形式多样的郊野绿道、提升景观、打造 24 景、植入福文化、山地海绵系统设计、基础设施建设、增加公园智慧系统
9	高盖山	仓山	一级	359.8	生态修复、森林植被优化、登山古道修缮及步道增设、智慧系统植入、基础设施建设、提升景观
10	飞凤山	仓山	二级	90.2	外迁驻山单位、青山挂白山体修复、无障碍步道建设、建设奥体体育运动主题公园
11	牛岗山	晋安	二级	34.7	受损山体生态修复、渣土弃土堆山、建设无障碍山地步道、绿化植被优化、海绵试点公园、打造晋安公园之山地景观区
12	清凉山	仓山	一级	413.2	山体破损面生态恢复、拆除不协调建筑、山体植被修复、建设杜鹃专类园、拟推动建设为福州三江口植物园
13	天马山	马尾	二级	103.2	垃圾填埋场废弃地生态修复、山体植被恢复、步道增设、建设生态公园、提升景观
14	马限山	马尾	一级	8.2	外迁驻山单位、以船政历史文化风貌区整体保护、优化植被、修复受损山体、建设公园景点
15	罗星山	马尾	一级	4.5	外迁驻山单位、以船政历史文化风貌区整体保护、优化植被、修复受损山体、建设公园景点
16	南禅山	台江	/	0.3	低丘山岭外迁驻山单位、恢复山体植被、发掘历史遗存、打造街头公园绿地
17	燕山	仓山	/	9.5	低丘山岭、搬迁不协调建筑、山体植被恢复、保护文物古迹、结合梁厝村历史文化街区恢复传统燕山山脉景观

图 4-79　乌山管控周围城市高度，搬迁占山建筑，恢复邻霄台，重现重要视廊

图 4-80　牛岗山通过渣土堆山实施了山体生态修复和景观营造

图 4-81　福山郊野公园步道顺应山势，宜路则路、宜桥则桥、宜洞则洞

图 4-82　金牛山架空的福道，　　图 4-83　福山郊野公园生态修复后的戏水滩和雨水花园
　　保护了山体和原有的植被

及服务配套设施建设，以及山地文物保护修缮等，以此促进山体的全社会全民参与保护。

（2）水系修复与蓝绿空间建设

2011 年，福州市政府提出以"水清、河畅、路通、景美"为目标，启动了集水生态修复、水环境改善和水文化展现于一体的内河环境综合整治工程，规划对 32 条内河进行阶段性整治。2016 年，在之前的基础上又全面启动对全市 156 条内河水系综合治理，以问题为导向，根据流域综合治理的原则，形成 4 大类项目清单（表 4-3），按照城区水系的 7 个 EPC 流域工程包，见图 4-84，全面推动福州中心城区内河水系综合治理，推进蓝绿空间系统和整体生态修复与环境提升。同时，全面推动闽江乌龙江两江四岸及沿线 140km 景观带的建设，根据潮汐性河流的特点，统筹沿岸的岸线生态修复、湿地保护、绿道与景观建设，见图 4-85。

通过蓝绿结合的水系生态修复，全面推动了福州市滨江和内河滨水绿带、串珠公园、湖体和海绵公园等建设。其中，以白马河、晋安河，见图 4-86，流花溪，见图 4-87等为代表的不同类型的内河滨河绿带已建成 501.7km，滨水串珠公园 379 个，串连建设和提升了公园绿地约 320hm²，服务半径涵盖了福州市中心城区的大部分区域，覆盖全市的滨水绿地生态网络基本形成。滞洪湖体和海绵公园也是福州市中心城区绿色生态基础设施的重要组成部分，以内涝防治为问题导向，建设滞洪湖体和海绵公园，提升城市滞洪防涝的能力（表 4-4）。同时结合湖体建设生态水岸，营造滨水生

图 4-84　福州市内河水系综合治理流域分布和 EPC 项目布局图

图 4-85　闽江沿岸的三江口生态公园

福州市内河水系综合治理工程类型及内容   表 4-3

编号	项目类型	序号	工程内容
一	排水系统完善工程	1	污染源整治
		2	排污口整治
		3	城市地下雨污水管网修复改造工程
		4	沿河截污管工程
		5	市政污水管网系统
二	水环境提升工程	1	河道清淤工程
		2	生态护岸建设工程
		3	水处理设施建设
		4	生态修复工程
		5	推流泵工程
三	沿河环境治理工程	1	连片旧物区改造
		2	老旧小区改造
		3	滨河绿道建设
		4	沿河串珠公园建设
		5	古文化保护工程
四	内涝治理工程	1	江北高水高排工程
		2	晋安河光明港拓宽改造工程
		3	六湖三园工程
		4	雨水调蓄池工程

图 4-86　晋安河滨河绿地　　　　　　　图 4-87　流花溪滨河绿地

福州市滞洪湖体及海绵公园统计表   表 4-4

湖体名称		公园面积（hm²）	其中水面面积（hm²）	日常库容（万 m³）	调蓄库容（万 m³）	总库容（万 m³）
五湖	1 井店湖	8.6	6.6	15	11	26
	2 涧田湖	5.9	3.3	7	5	12
	3 义井溪湖	2.5	1.4	2.8	2.1	4.9
	4 温泉公园湖	10	2.4	5	1	6
	5 晋安湖	63.3	40	50	110	160
三园	1 斗顶水库雨洪公园	6.8	0.98	0	1.1	1.1
	2 八一水库雨洪公园	6.4	0.98	0.4	0.2	0.6
	3 洋下海绵公园	0.9	0.6	0.9	0.6	1.5
总计					131	212.1

境多样性，打造公园绿地和开放空间，成为兼具调蓄防洪排涝、休闲健身、城市公园景观功能，见图 4-88。

（3）道路绿廊和街头公园建设

近年来，福州市接连开展"全民动员、绿化福州""绿进万家、绿满榕城"等行动，共梳理提升林荫道路 342 条，城区种植乔木 50 万棵，建设福马路、金山大道、南二环路、三环路、福飞路等各类路侧绿地和街头绿地 1022 个，市民出门百余米，就可以进入生态廊道系统和绿道网系统，漫步于连接各公园的林荫道和休闲步道，既使得绿化环境焕然一新，又为市民提供了舒适惬意的出行体验，见图 4-89。

4. 取得成效

（1）青山有"福"

有效地保护了金牛山、福山、金鸡山等城区重要山体，结合山体保护和生态修复，已建成 152.2km 山地步道，并推动其发展为城市内部富有特色的山地公园，成为百姓休闲健身最受欢迎的去处；保护和提升了冶山、屏山、乌山、于山、烟台山等历史名山，重现许多千年的历史名胜，成为福州历史文化名城的重要景观点。

图 4-88　兼具滞洪防涝功能的晋安湖公园

图 4-89　东二环路沿线的路侧绿地和街头串珠公园

（2）绿水有"福"

推动了闽江沿岸 140km 景观带建设，结合水系综合治理已建成约 500km 的滨水绿道，有力地促进了白马河、晋安河、凤坂河等 156 条内河的环境提升，建成打造晋安湖、井店湖等五个滞洪湖体及总面积 104.4hm² 的湖体公园，有效提升城市防洪排涝能力，并促成内河沿线近 300 多个串珠公园的建设，基本形成了蓝绿融合的福州生态网络。

（3）百姓有"福"

在山体和水系保护修复的基础上，福州还结合路侧绿廊建成 122.1km 绿道，结合历史文化名城保护和城市更新建成 29.8km 巷道，进一步完善绿道和慢行系统的通达性和文化内涵，已形成沿江、沿河、环湖、达山、通公园、串联街巷的生态绿网体系，百姓幸福感显著提升。

"福州慢行系统网络及其配套设施满意度"问卷调查显示，福州市民对于福州市福道网络建设的总体满意度高达 95.04%，尤其山道最受市民喜欢，有 82.69% 的市民居住地与福道的距离在 3km 以内。通过 GIS 和空间句法的分析，发现在通勤性慢行系统的基础上，叠加了"看山、望水、走巷"的休闲慢行系统后，福州市的慢道集成度（慢道之间联系的紧密程度）提升 1.6 倍以上，选择度（慢道吸引穿越交通的潜力）提升 2 倍以上，明显提高了人们通达各类山边、水边、公园和开放空间的可达性，其中形成网络化的滨河绿道贡献最为显著，见图 4-90，表明基于福州市绿地系统生态网络的慢道系统，不仅形成了网络化的系统规模，已显著的提高了城市的生态休闲服务功能。

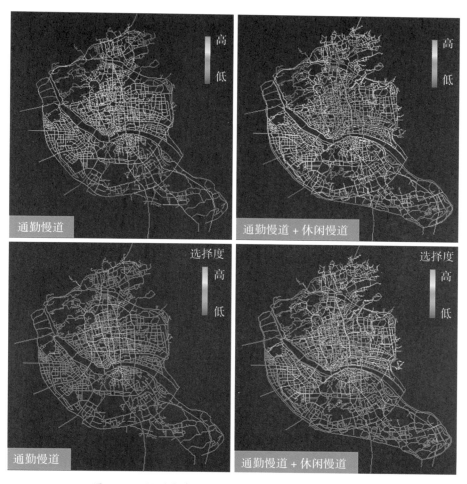

图 4-90 福州市休闲慢行系统的选择度和集成度评价

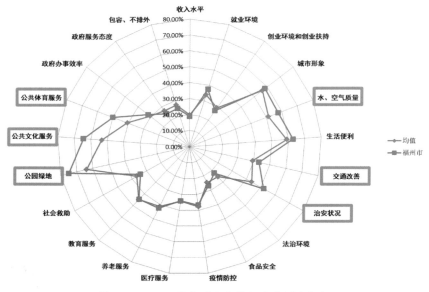

图4-91　2021年中国十大美好城市调查数据

（图片来源：中央广播电视总台《中国经济生活大调查》）

（4）城市有"福"

福州绿地系统网络及绿道的建设得到社会和业界的肯定，一些项目先后斩获"国际建筑大奖""新加坡总统设计奖""中国土木工程詹天佑奖""中国风景园林学会规划设计一等奖"等一系列重要奖项，并推动福州荣获"中国十大美好城市"和"中国最具活力城市"称号。在中国十大美好城市21项满意度指标中，福州有12项高于全国省会城市及直辖市的平均水平。群众最满意的是公园绿地，高出全国平均值11个百分点，见图4-91。"满城绿荫，暑不张盖"成为福州一张最为靓丽的城市名片。

4.2.3 "生态修复 + 景观营造"——重庆市两江新区礼仁立交坡坎崖生态修复

重庆市两江新区礼仁立交坡坎崖生态修复改变常规坡坎崖项目以简单覆绿为主、只可远观、不可进入的修复方式，坚持"以人民为中心"，充分考虑周边5万名居民的使用需求，将城市建设的"边角余料"，巧变为"金边银角"，打造"眼可见、手可触、身可入"的坡地社区公园——礼仁公园，见图4-92。废弃的坡坎崖既变身为鲜艳的"挂毯"花园，又配套了休

图 4-92　礼仁公园

闲亭廊、观景平台、卵石健身步道、休闲座椅、公共直饮水机、公共厕所等多样化服务设施和中老年、青少年全年龄段专类活动场地,真正体现了"良好生态是最普惠的民生福祉"。

1. 项目背景

礼仁立交坡坎崖位于重庆两江新区礼嘉街道礼仁立交旁,占地面积约 7.9hm^2,为典型"坡坎崖"山地地形,最大高差在 50m 左右。场地内植被稀少,存在大量高边坡、格构挡墙和周边居民私垦的菜地、乱搭建的棚屋、乱倾倒的建筑垃圾等,而且场地整体位于立交匝道下方,工程操作难度大,还有高压电缆、供水主管网穿插而过,并毗邻加油站、变电站,导致用地条件、原始生态和景观效果极差,见图 4-93。因场地周边多为居民职住区,恶劣的场地条件不但影响来往居民视觉观感,而且压缩了居民活动空间,影响了人民群众生活的幸福感。

2. 生态修复规划

(1)摸底评估

①区域公园体系的重要节点

礼仁立交坡坎崖距欢乐谷仅 1.2km、金海湾滨江公园仅 850m、礼嘉智慧公园仅 1km,是串联这三大公园绿地的关键节点,是两江新区公园服务

图 4-93　礼仁立交坡坎崖生态修复前状况

半径全覆盖体系中的重要一环。而且，礼仁立交坡坎崖周边东、西、北三个方向均为居住区，目前周边居住片区入住人口 3 万人左右，未来将达到 5 万人左右，是满足周边居民休闲、游憩活动需求的便利场地；南侧为城市主要道路金渝大道和礼仁街，坡坎崖生态修复将成为展现城市形象的靓丽名片，见图 4-94。

②特殊的场地类型

重庆是山地城市的典型代表，山地形状不规则，坡度陡、高差大，"坡坎崖"较多——"坡"指地形倾斜的地方，"坎"是指田野中自然形成的或人工修筑的台阶地，"崖"是指山体或高地陡立的侧面。礼仁立交坡坎崖有台地、陡坡、挡墙等丰富的"坡坎崖"山地地形，构成了多层次空间地形地貌，为依山就势、因地制宜地打造特色鲜明、形态多样的多层次立体景观，提供了丰富的条件。

③可达性较差

受山地地形高差限制，场地内在城市建设过程中形成大量高差较大的陡坡堡坎、边坡挡墙，构成空间与心理屏障，使得居民出行与活动受限，见图 4-95。

（2）规划原则

①地方性原则

以场所的自然恢复过程为依据，注重场所中的阳光、地形、水、风、土壤、植被及能量等条件，塑造自然、适生的生态本底，促进场地本地植物群落健康演替。同时，生态修复中就地取材，尽量使用乡土植物和本土建材，集约建园。

②整体性原则

城市公园是一个协调统一的有机整体，应当注重保持其发展的整体性，景观规划要从城市的整体出发，以城市的空间目标与生态目标为依据，注重考虑区位特点，力求从宏观上发挥城市公园景观改善居民生活环境、塑造城市形象、优化城市空间的作用。

③生态位原则

所谓生态位，即物种在系统中的功能作用以及时间与空间中的地位，在有限的土地上，根据物种的生态位原理实行乔、灌、藤、草、地被植被

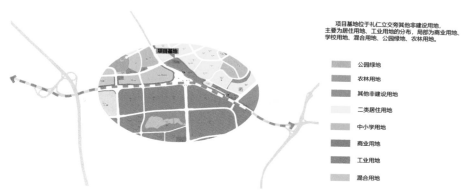

图 4-94　礼仁立交坡坎崖周边用地情况

图 4-95　礼仁立交坡坎崖场地标高

及水面配置，并且选择各种生活型（针阔叶、常绿落叶、旱生湿生水生等等）以及不同高度和颜色、季相变化的植物，充分利用空间资源，建立多层次、多结构、多功能的植物群落，构成一个稳定的长期共存的复层混交立体植物群落。

④以人为本原则

景观营造以周边居民的需求为出发点，满足人的生理和心理需求，体现人文关怀，打造环境优美、宜居宜业、可进入、可参与的幸福空间。

（3）规划目标

因地制宜，形成"两带四区"多功能山体休闲公园，见图4-96。"两带"，即沿立交多彩植物带和沿公路多彩植物带。"四区"，即林荫长廊区、特色健身休闲区、礼仁广场区和阳光草坪休闲区。

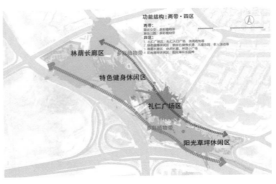

图4-96 "两带四区"规划图

3. 主要做法

（1）立体建园

项目从西至东分为三个标高板块，西侧结合地形高差营造多层次的山城步道特色景观；中部利用相对平坦地形，打造主要休闲活动场地，方便市民使用；东侧借助整体抬高的坡地地形，打造台地休闲景观空间，见图4-97。三大空间通过多种步道有机串联，形成"两带四区"的景观布局。在植物造景观方面更是充分运用藤本植物"上垂下爬"、垂直堡坎挂网绿化、缓坡生态植物群落构建等多种立体绿化手法，打造"挂毯"式的边坡景观，突显多层次、多空间、立体多变的山地公园特色。

（2）生态建园

一是生态修复中对原有场地内约5000m²的格构生态绿化全面保留；二是全园场地、铺装为全海绵设计，

图4-97 台地休闲景观空间

图 4-98 "海绵" 铺装

图 4-99 观花、色叶植物应用

较大的边坡下方设置生态草沟,自然汇水形成湿地景观,有效发挥了绿地对雨水的渗、滞、蓄功能,见图 4-98;三是对坡度较大、土质瘠薄的堡坎选用新品种安吉拉月季,采用挂网的方式立面美化,即可保证公园不见荒裸,又符合月季喜光、喜通风透气环境的生理习性。

(3)多彩建园

在以黄葛树、香樟、小叶榕等乡土树种为骨架,增加"乡愁"的同时,突出蓝花楹、桂花、樱花、垂丝海棠、紫薇、紫荆、九重葛、五角枫、栾树、千层金、红叶李等观花、色叶植物的运用,构建起乔、灌、草搭配适宜,色彩季相变化丰富,"三季有花、四季有色"的植物景观,见图 4-99。

(4)集约建园

通过对原始地形的充分理解和合理应用,严格控制土石方工程量,同时大量选用价格较便宜的乡土树种,并严格控制植物规格,推行栽全冠树、青壮年树,综合节约建设成本,将公园单方造价控制在 228 元左右,做到"用最少的钱、办最大的事"。

4. 取得成效

(1)形成特色山地景观

礼仁公园充分利用坡坎崖复杂、立体的立地条件,栽植乔木近 30 个品种 2000 余株,灌木和地被近 40 个品种 5.3 万 m^2。其中,观花乔木 23 个品种,1038 株;观花灌木 16 个品种,约 1.5 万 m^2;色叶乔木 8 品种,250 株;色叶灌木 8 个品种,约 3500m^2,形成独特的"彩色挂毯"景观,提升城市形象。

(2)融入区域公园体系

礼仁公园串联欢乐谷、金海湾滨江公园和礼嘉智慧公园,提升区域公园服务半径覆盖率超过 90%,进一步完善和优化两江新区核心区以综合公园、生态公园、社区公园为骨架的公园体系，促进区域形成"青山入城、碧水萦绕、城在山中、家在林中"的自然生态格局，为两江新区全面实现"推窗见绿、五分钟入园"的目标做出贡献。

（3）普惠周边居民

将城市建设的废弃"边角料"，打造成为"老百姓身边"的游憩活动空间，为市民提供高品质的城市公共环境，并利用地形实施分区差异化营造，兼顾周边全年龄段的居民需求，有力增强全体居民获得感和幸福感。

4.2.4 "生态修复+科普教育"—— 鹤壁市黑山玄武岩地质遗迹生态修复

鹤壁市黑山玄武岩地质遗迹生态修复通过对露天矿山消除地质灾害隐患、植被恢复和景观提升，将因采石而残破不堪的矿山，变成了青山含翠、风景如画的生态公园，使其生态景观与其临近的淇河国家湿地公园相协调，一同融入淇河流域生态保护带；同时，发掘大自然馈赠的特殊地质文化资源——黑山玄武岩，将地质遗迹进行艺术化的景观塑造，充分融入生态景观之中，彰显了黑山玄武岩的独特魅力，达到了恢复生态和保护开发地质遗迹的双重目的，见图4-100。通过环山腰修建的休闲步道和山顶的观景台，人们可以近距离观赏火山玄武岩地质遗迹原始风貌。

1. 项目背景

鹤壁市黑山玄武岩矿位于鹤壁市淇滨区庞村镇的淇河东侧，开采始于20世纪80年代，主要是用来生产石子，生产规模为10万t/年，该矿山早已关闭，主体灭失。矿区位于太行山东麓，区域地势西高东低，整体上属于

图4-100　鹤壁市黑山玄武岩地质遗迹公园

图 4-101 黑山玄武岩矿生态修复前状况

山前丘陵地貌。黑山玄武岩为孤立的山体,中间高四周低,最高海拔 165.54m,位于黑山的中部,最低点 108m,位于淇河的河谷。矿区局部为第四系黄土、残坡积物及玄武岩风化层,厚约 5.5m,为松散岩层,稳固性差,陡立边坡易发生崩塌滑坡。玄武岩为致密块状及气孔状,属坚硬矿体,稳固性较好,其间无软弱夹层,不易产生滑动。但由于局部节理较发育,当坡角大于 75° 时,可能会出现局部坍塌,特别是在大雨后,在雨水入渗作用下,可能引发边坡的失稳。经过多年的开采,矿区采坑遍布、陡壁林立,原有的地形地貌遭到严重破坏,形成了失稳高陡边坡,易引发崩塌、滑坡地质灾害隐患;露天开采产生的废石、废渣地面堆放引发滑坡、泥石流地质灾害等,见图 4-101。

2. 生态修复规划

(1)摸底评估

①生态布局的重要内容

淇滨区是南太行生态屏障的重要组成部分,紧紧围绕"中部地区重要生态屏障"的战略定位,以"西部太行山绿色廊道"为骨架,构建"一区、一带"("一区"是指淇滨区的矿山生态修复区;"一带"指淇河流域生态保护带)生态保护修复格局,以淇滨区采矿区灭失矿山地质环境恢复治理、生态河道治理、水土保持治理、湿地修复治理和低效林改造为重点,推动山水林田湖草生态保护修复工程全面落地实施,并适度开发历史文化和自然旅游资源,促进区域土地生态安全再利用。鹤壁市黑山玄武岩矿矿山作为淇滨区"山水林田湖草"重要组成部分,需要根据总体布局,实施生态保护和修复。

②区域发展大局的"短板弱项"

矿区周边人员活动以附近村民日常活动及郊

图 4-102 项目区位图

图 4-103 黑山玄武岩

游人员休闲活动为主。随着附近淇河国家湿地公园和许沟小镇的建成，区域旅游人员日益增加，矿区处于两处旅游景区的辐射交汇区，因其生态环境差、景观破损等状况，成为区域生态休闲旅游的薄弱点，影响区域整体绿色发展大局，见图 4-102。

③地质景观的独特优势

地质遗迹是地球演化的漫长地质历史时期，由于内外动力的地质作用，形成、发展并遗留下来的、珍贵的、不可再生的地质自然遗产。玄武岩为沿深大断裂喷溢的火山熔岩堆积，岩石具致密块状或气孔状构造、柱状节理、枕状熔岩等典型的地质遗迹。黑山玄武岩由 200 万年前火山喷发的岩浆、火山灰堆积而成，岩石黝黑而富有光泽，故又称"黑山"，见图 4-103。这种现象是中国至今发现的三个"地幔窗口"之一（另外两处在张家口汉诺坝地区和福建明溪地区），是河南省唯一的古近纪"地幔窗"地质遗迹，具有很高的科研与观赏价值。2010 年，鹤壁市的古近纪"地幔窗"遗迹入选"有重大科学价值的十大地质遗迹"。

（2）规划原则

①保护优先

牢固树立尊重自然、顺应自然、保护自然的生态理念，按照保护优先、节约优先、自然恢复为主的方针，高效开展生态保护修复工程，筑牢生态安全屏障，坚持节约资源、保护环境，努力融入南太行地区人与自然和谐发展现代化建设新格局。

②系统修复

强化顶层设计，统筹推进全方位、全地域、全过程生态保护与修复，综合考虑自然生态各要素，全面统筹山上山下、地表地下、流域上下游、左右岸，推进整体保护、系统修复、综合开发。

③突出重点

根据黑山玄武岩遗迹的地质特点，进行地理位置的视域分析、生态分析、历史文化分析、地质价值分析等，按照"道法自然"的要求，减少人工修复痕迹，着重保留火山资源天然状态，突出其科普教育功能。

④文脉传承

保护地质遗迹，再现地质奇观，并串联淇河流域其他历史遗迹、特色民俗风情小镇，再现诗歌淇河，彰显淇河流域人文气息。

（3）规划目标

根据调查评估，结合黑山玄武岩矿区特点，规划目标设置为：一是保护黑山火山结构、火山口剖面系统完整性，将黑山火山结构完整展现出来；二是建设一个包含水源涵养生态林区、诗经文化游览区、火山地质遗迹重点保护区、火山地质文化科普教育区的地质遗迹公园。

黑山玄武岩地质遗迹公园主要分区规划为自南侧入口，向北依次设置诗经文化游览区、地质遗迹重点保护区、地质科普区、休闲娱乐区、富硒生态区等不同的功能分区。诗经文化游览区：联系淇河流域产生的诗经元素，设计诗经文化游览区；地质遗迹重点保护区：就火山地幔地质遗迹，进行规划设计保护；地质科普区及休闲娱乐区：科普第三纪、第四纪动物，设立古近纪动物园，寓教于乐；富硒生态区：利用固有梯田，依托矿区丰富的硒元素进行生态种植和休闲采摘。

3. 主要做法

（1）山水联动

统筹推进矿山生态修复与淇河保护工作，在消除黑山头地质灾害隐患、修复地形地貌的同时，因地制宜，将黑山火山玄武岩治理区内两个露天采坑挖通整形，利用盲沟引淇河水入坑，使河水在西面、南面相连，形成流动的活水景观湖，再现"山水和谐、有河有湖、有鱼有草"的优美生态环境，见图 4-104。

（2）遗迹展现

重点对玄武岩矿石开采过程中造成的表层球状、柱状岩石位置进行整形整治，将表层球状、柱状节理结构完整展现出来，有效保留火山口遗址、火山口剖面、玄武岩柱状节理、枕状熔岩等典型的地质遗迹，使参观者感

图 4-104 山水联动

图 4-105 黑山玄武岩典型地质遗迹

受到大自然力量和造物的神奇，见图 4-105。

（3）景观优化

淇河文化底蕴深厚，也是一条产诗出歌的河。黑山玄武岩地质遗迹生态修复中植物选择以《诗经》中描述的植物为主，再现《诗经》意境。结合《诗经》文化内涵，将《诗经》中描述的植物布局到各个功能分区，以"四季见绿、四季有花"为目标，运用常绿与落叶合理布局，不同花色花期的植物相间分层配置，使植物景观丰富多彩，力求再现《诗经》中描写的视觉意境，见图 4-106。

同时，保留和利用部分特殊的地形、地貌、岩石，进行艺术化的人工景观再造、重塑；立足立地特点，结合植物配置，塑造不同的环境意境，创造出层次丰富、形态多变的特色景观，见图 4-107。

4. 取得成效

（1）区域生态安全有保障

经过生态修复，有效地消除和减轻区内地质灾害隐患，提升地质灾害防治能力；黑山玄武岩矿区新增 7.85hm² 林地，为有效保护淇河流域饮用水

图 4-106 《诗经》意境

图 4-107 黑山玄武岩地质遗迹公园特色景观

水源地生态安全和保障饮用水水源地的供水水质做出贡献,同时,发挥水土保持、水土涵养等生态功能,有效提高区域生态安全和南太行地区生态环境质量,为科普活动、学者教研、游客观光等打下生态基础。

(2)地质遗迹绽放科普魅力

昔日的"黑山头"蝶变为让游人流连忘返的科普公园,并与淇河国家湿地公园、许沟小镇构成了金山淇河文化旅游区。黑山玄武岩地质遗迹公园内火山玄武岩地质科普长廊讲述着神秘的地学知识,成为玄武岩地质研究、地质教学、地质科普的"实验室""大讲堂"和"科普馆";环山腰修

图 4-108　科普、教研、观光

建的休闲步道和山顶的观景台，让人们近距离观赏黑山玄武岩原始风貌，细细品味这一大自然馈赠人类的艺术品。生态修复以来，在此积极开展了地质、湿地及生态保护有关的"科技活动周""湿地日"等科普活动，每年吸引30余所中小学校来此开展"科普校园行"等趣味科普教学活动，吸引诗歌学会、自然之友野鸟会及河师大等团体研学交流，及周边地市游客来此观光，年接待游客量逾百万人次，见图4-108。

4.3　服务于生产高效的生态修复安全再利用模式

2018年2月，习近平总书记视察四川成都天府新区时指出："一定要规划好建设好，特别是要突出公园城市特点，把生态价值考虑进去，努力打造新的增长极。"所以，公园城市不但要注重补强城市的生态价值，还要以生态文明建设促进城市高质量发展。也就是引导城市发展从工业逻辑回归人本逻辑，放弃以往以牺牲生态环境为代价的发展方式，追求绿色低碳的经济价值，着力构建资源节约、环境友好、循环高效的生产方式。与这种新的生产方式相对的，城市中一些区域，如存在安全生产隐患、资源枯竭已经无法满足新时代城市高质量发展的需要；或者一些区域存在在新时期促进高效生产的资源基础，也有待进一步绿色开发和利用，避免造成资源浪费。对这些区域必须通过生态修复，重塑符合新时代要求和高质量发展需要的基础条件，匹配以新的生产方式，实现高效生产。

4.3.1 "生态修复 + 绿色矿山"——鹤壁市鹿楼水泥灰岩矿生态修复

鹤壁市鹿楼水泥灰岩矿生态修复项目紧紧围绕绿色矿山治理目标，针对以往粗放开采及其造成的一系列生态环境问题，坚持"谁开采、谁治理、边开采、边治理"，通过生态修复，实现了地质环境的安全、山体植被的恢复和被破坏土地的再利用；同时，以"规范引领、科技支撑、综合利用"为方针，在安全生产的地质环境的基础上，得以变更开采深度，规范有效的恢复治理，使得遗留的平台、坡面得以规范治理，从而减少了不规范边坡对下部资源的压占量，释放了部分资源，有效解决了矿山保有资源储量不足的问题，维持了150万 t/ 年的生产规模，实现了稳定生产，见图4-109。

1. 项目背景

鹤壁市鹿楼水泥灰岩矿开采始于1999 年，开采方式为露天开采，2007年由鹤壁市地质队进行资源储量核实后，确定生产规模150 万 t/ 年，开采深度 +265m~+223m，矿区面积 0.4247km^2。开采数年后，矿山保有资源储量不足，难以保障正常的水泥供应；粗放开采造成的矿山地质灾害隐患，无法保障矿大开采范围生产的安全性。同时，开采区还存在地表植被遭破坏、山体裸露和土地被挖损占用等生态环境问题，影响了区域绿色可持续发展，见图4-110。

图 4-109　鹤壁市鹿楼水泥灰岩矿生态修复项目

2. 生态修复规划

（1）摸底评估

①地质灾害隐患

矿区为露天开采，在开采区域内形成了多处高陡边坡，边坡由于基岩裸露，加之长期的风化作用，已形成6处较大的危岩体。危岩体上部裂隙发育，岩体原始平衡状态被打破，存在崩塌地质灾害隐患，见图4-111。

②地形地貌被破坏

开采区域内山体与地表裸露，原生的地形地貌破坏严重。根据现场调查，造成地形地貌景观破坏的主要是露天开采形成的高陡边坡及开采平台，破坏面积约0.2464km²，见图4-112。其中，高陡边坡高5~37m，平台宽4~191m。边坡均为早期采矿活动开挖山体未治理而形成的遗留边坡，浅表岩土体平衡被打破，地表植被破坏严重，山体大面积裸露。

③土地资源被损毁占用

开采区内的高陡边坡和开采平台，在严重破坏原生地形地貌景观的同时，对土地资源也造成了严重破坏，致使治理区植被稀少，生态环境恶化。被损坏的坏土地类型为林地，挖损面积0.2646km²。主要表现为矿产开采将上覆岩层和表土剥离后形成的废弃采矿边坡与废弃采坑造成土地资源毁损，以及开挖产生的废弃矿渣随意堆放压占土地资源，见图4-113。

图 4-110　鹤壁市鹿楼乡水泥灰岩矿生态修复前状况

图 4-111　危岩体

图 4-112　矿山生产形成高陡边坡及开采平台

图 4-113　废弃采坑及废弃矿渣

④含水层良好

开采区内地下水位埋深大，地表露采影响深度远小于地下水位埋深。因此，采矿活动没有破坏含水层，对含水层的影响破坏较轻。

（2）规划原则

①先调查，后修复

区域内存在的地质灾害隐患和生态环境问题类型多且分布普遍。为了有针对性的布设各项修复治理工程，需要首先摸清地质灾害隐患和生态环境问题现状。

②以人为本，防灾减灾

矿区开采诱发地形地貌景观破坏、压占、毁损土地资源等地质环境问题，所有这些问题直接或间接的对矿区工作人员生命构成威胁。因此，矿山地质环境修复治理要保障矿区免遭矿山开采诱发的各种地质灾害危害，达到减灾、防灾的目的。

③因害设防，重点突出

针对矿区地质灾害隐患和生态环境问题的特点、分布及危害程度，抓住重点，因害设防，采取针对性工程治理措施，修复治理破坏的地质环境。

④"宜农则农、宜林则林、宜建则建"

根据区域立地条件，结合当地的建设规划，按照"宜农则农、宜林则林、宜建则建"的原则，综合开展土地资源修复后再利用。

（3）规划目标

鹤壁市鹿楼乡水泥灰岩矿生态修复目标为：一是矿山地质灾害得到有效防治，减少经济损失，避免人员伤亡；二是受破坏的土地资源及植被得到有效恢复；三是矿山闭坑后矿山地质环境与周边生态环境相协调，达到与区位条件相适应的环境功能。

3. 主要做法

（1）规范化生产

根据矿体赋存条件及资源分布情况，矿山开采按照"自上而下、由远到近"的顺序开采；采用机械穿孔爆破后将矿石分别铲装的采剥工艺方案；采场开采的矿石用挖掘机装入自卸汽车，运往破碎站下料口。

（2）标准化修复

①危岩体清除

根据矿区的工程地质条件、生态环境条件和矿山开采造成的地质环境问题，为了确保整治后采坑边坡的稳定，对矿区高陡边坡进行危岩体清理。边坡上的悬挂岩块、松动岩石，危险部分必须彻底削坡清除。在危岩清除施工时，由测量人员定点放线，确定清理范围，然后利用机械施工，将松动的危岩体剥离并修缓边坡，清理下的岩块用于采坑回填，不再外运。清除危石 5695.52m³，有效消除了矿山潜在的地质滑坡和边坡坍塌灾害，见图 4-114。

②边坡整理

矿区边坡治理按照采场要素（表 4-5），进行分层、分台阶规范治理，对矿区遗留平台边坡进行削坡、平整整治，削坡处理废石 24777.3m³，见图 4-115。

图 4-114 W5 区域危岩体清除前后对比

图 4-115 BP1 区域边坡治理前后对比

③挡墙工程

为防止平台覆渣、覆土被雨水冲刷而流失，故在各级平台前缘砌筑保水挡渣墙，挡墙尺寸高 1.0m，上顶宽 0.5m，底宽 0.5m，挡土墙距平台外侧距离 0.3m。修建挡渣墙的目的是为了防止水土流失，不是承重墙，故本设计不再对挡渣墙进行稳定性验算。挡渣墙浆砌块石，选用 M10 砂浆，块石强度不低于 MU30。挡墙挡渣墙砌筑量 1349.4m³。挡渣墙有效避免了坡面覆渣、覆土后的渣土滑落，见图 4-116。

④平台覆渣、覆土

对平整好的场地、平台进行覆渣覆土，裸露基岩较为坚硬、完整，无法直接在生产平台上种植树木，故将在生产平台上先覆 0.3m 废渣，再在废渣上方覆 0.7m 种植土，然后绿化。废渣来源为削坡、危体清除碎石；覆土来源位于矿区北侧出入口，该处为一黄土陡坎，高约 7.5m，呈不规则状，面积约 6439m²，体积约 19317m³，方量不足时，采取客土调运。覆渣回填、整形压实 30472.82m³，覆土回填、整形压实 70959.39m³，见图 4-117。

采场要素表   表 4-5

参数名称			单位	主要指标
境界尺寸	地表	长	m	1255
		宽	m	200~340
		面积	ha	33.162
	底部	长	m	1210
		宽	m	142~288
		面积	ha	23.377
台阶	高度		m	15
	数量			4
	第一采矿台阶标高		m	250
最大开采高度			m	57
最低开采水平			m	205
采场最高标高			m	262
平台宽度	最小工作平台宽度		m	40
	最小工作线长度		m	120
	清扫平台宽度		m	8
采掘带宽度			m	8.7
工作台阶坡面角			°	75
工作面数量			个	1~2
开段沟底宽			m	25
终了台阶坡面角			°	70
最终边坡角	最大		°	70
	最小		°	56
最终边坡高度			m	15~57
矿石量			万 t	1352.62
平均剥采比			m³/m³	0.1

⑤植被恢复

植被恢复中充分保留场地原有植被，因地制宜，通过色叶树种配置、补植改造等方式，提升场地林木生态功能和景观效果。同时，依据《生态公益林建设技术规范》，该区域位于低山丘陵区，土壤贫瘠，树种要优先选用适宜当地气候、环境条件的树种，优先选用当地生长的侧柏、银杏、楸树、椿树、桑树等，共种植侧柏 21964 株、银杏 5473 株、楸树 2460 株、椿树 1400 株、桑树 4333 株，裸露区域全部播撒草籽，见图 4-118。

图 4-116　挡墙砌筑前后对比

图 4-117　平台治理后覆渣、覆土前后对比

图 4-118　植被恢复前后对比

4. 取得成效

（1）矿区生态环境转变

通过对生态修复，该区域林木覆盖率大幅度提高，对净化大气污染、防风固土、抑尘滞尘起到良好作用，矿区周边春、秋季节的大风扬尘现象得到有效控制，黄沙漫天的景象不再出现，从根本上改善了矿区生态环境，见图4-119。

图4-119　矿区"森林"

（2）人民群众幸福感增强

生态修复化解了群众反映强烈的矿山开采环境破坏环境这一热点问题，矿区环境指标达到环保管控标准，空气中粉尘颗粒物最大浓度值为0.317mg/m^3（平均值），比治理前粉尘颗粒物最大浓度值0.461mg/m^3（平均值）减少32%，在让附近居民获得矿石开采经济红利的同时，也保证区域人居环境和生产环境，附近人民群众幸福感不断增强，见图4-120。

（3）生产更为绿色高效

一是区域地质灾害隐患得以治理，生态环境得到改善和提升，区域生产安全性进一步增强，从而开采深度能够扩展，矿石产量得以高效维持。二是生态修复构成了稳定性强、生物生产能力高的生态系统，形成了经济合理的物质能量流，抵御夏季干热风对区域农作物的侵害，保障了区域农业生产。三是区域水土流失减少，有效保护附近林草生长，进一步扩展了农林用地面积。

图4-120　矿区"职住"环境

4.3.2 "生态修复 + 文化旅游"—— 威海市华夏城采石场生态修复

威海市华夏城采石场早期由于开山采石作业，山体损毁严重，生态环境恶化，严重影响区域景观和生产生活。自 2003 年以来，华夏城响应威海市 "生态立市、荒山绿化" 的号召，全面开展矿山生态修复并成功打造了国家 5A 级旅游景区，见图 4-121。经过 17 年的整体保护、系统修复、综合治理，华夏城实现了生态系统保护、质量提升和格局优化，成为践行 "绿水青山就是金山银山" 理念的典型案例。2018 年 6 月，习近平总书记调研华夏城生态文明建设整体情况，对其通过生态修复，促进文化旅游发展，带动周边村民就业致富的做法给予了高度肯定。

图 4-121　威海华夏城

1. 项目背景

威海作为我国东端的滨海宜居城市，城市规模适中，地理环境优越，里口山脉贯穿南北。威海市华夏城位于里口山脉南端，因其自然山体的轮廓起伏蜿蜒走势宛若行龙，曰为龙山。自 20 世纪 70 年代起，威海城市进入了高速扩张发展时期，成为地方建筑材料主材石料的提供地，相当一段时期，威海岳家庄以北的太平庵、龙山等成为威海市较为集中的采石场群。在持续的炸药爆破声中，6036 亩山林遭到了严重的破坏，原有的大面积山体植被上的裸露开采面就达到了 3767 亩。30 多年间采石矿坑多达 44 个，被毁山体 3767 亩，森林植被损毁、粉尘和噪声污染、水土流失、地质灾害等问题突出，周边村民无法进行正常的生产生活，区域自然生态系统退化和受损严重，城市景观与生态环境面临前所未有的危机，见图 4-122。

图 4-122　华夏城采石场生态修复前状况

2. 生态修复规划

（1）摸底评估

①区域机械性缺水严重

华夏城采石场地处暖温带，由于过度采石，地表形态、地质景观发生显著改变，基岩广泛裸露，水土极易流失，保水性和蓄水性差，渗漏性强，导致区域机械性缺水。治山必先理水，自然水系及水文连通恢复是生态修复工作开展首要解决的关键问题。

②丰富的景观资源

华夏城采石场地形高差大，矿坑、石渣堆、盘山路等采石遗迹资源丰富，同时，还有古树、古井等人文景观资源，为后续文旅开发利用打下了一定的基础。

（2）规划原则

①以"水"为先

针对机械性缺水现状，优先解决缺水难题。在开采最为严重的矿坑密集区，利用山势，拦堤筑坝，储蓄水源，经天然蓄水、自然渗漏后形成水系，为部分景点和植被灌溉提供了水源，改善水环境。

②因地制宜

一是要"依山就势"重塑地形、"因势利导"疏导水流，充分利用地形高差，构建梯级库塘、线性串珠状水系结构，实现自然水系及水文恢复；二是要合理利用、巧妙设计矿坑空间，通过拦蓄水源，以水美化碎石、废渣堆积的山谷，构建上下游连通的湖库系统。

③资源再利用

充分利用矿坑、石渣堆、盘山路等采石遗迹和古树、古井等人文资源，凸显场地特色，传承地域文脉。

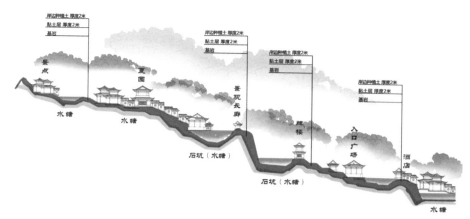

图 4-123 景区入口至夏园山体剖面

3. 主要做法

（1）筑坝堵水，覆土造林，恢复原生态

①重建水环境

为了最大限度的恢复山体风貌保护自然环境，在景区内利用山势规划了两条水系，通过筑坝堵水的方式设置了 7 处水塘，利用威海天然条件储存雨季水源。十多年来，这 7 个小水塘在满足景区内绿化浇灌用水，改善林木生态环境的同时，也营造了山水相宜景观氛围，见图 4-123、图 4-124。

图 4-124 夏园（利用石坑和高差筑坝存水，夏春亭摄）

②覆土绿化造林

场地水面周边充分保留了原有的树木，但由于采矿区水土流失严重，地表土不得不大量换土填土。移植当地树种，生长快、根系发达、固土效果好的树种，以雪松、黑松等为主。池塘岸边的道路两侧，主要布置垂柳、连翘、莺尾、石菖蒲等，使山体坡地更稳固，绿化植被更丰富，恢复绿水青山、四季有绿的生态原貌。

（2）巧用场地资源，废墟变美景

在太平寺遗址生态修复过程中，通过对现场坑井和地势高程的分析，巧妙地利用了景区内的矿坑和采石场，充分利用地形高差，建筑采用非对称的形式，凸显生态自然。

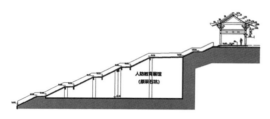

图 4-125　大台阶布置在石坑上

图 4-126　矿坑修复后复建禹王宫

图 4-127　石坑修复后复建太平寺

图 4-128　利用采石场矿坑作为夏园建筑群水面

如禹王宫和太平寺两组建筑，就是把原来巨大的采石场石坑设计成建筑的地下室，这个空间设计为展厅，顶板以上设计为观景平台和阶梯，节省了回填土方量，节约了建设资金，见图 4-125、图 4-126、图 4-127。

在夏园和景区入口处，则是在原有石坑前面筑一道水坝，做成了两个水库，利用两个水面之间的高差做了一道瀑布，正好作为景区入口的一个对景，见图 4-128。

为让建筑让位于历史存活下来的大树、古树，对场地内大量的保留树木均测定了具体坐标，并在总平面设计中予以定位，在建筑设计中给予合理的避让。为保留一棵有历史价值的古树，和寺庙仅存的老井，建筑采用围合式布局，形成多个庭院，五栋建筑围绕一棵 800 年的古银杏树，形成半封闭的庭院空间，见图 4-129、图 4-130。

（3）自然为主，建筑为辅，相应而和谐

场地建筑规划理念尊重中国传统的建筑思想，强调建筑、环境与人之间的对话交流，强调大地万物的和谐之美。建筑组团的平面布局和建筑单体的立面造型，以高低不等的层高及屋顶，利用周边环境的古树和水塘组成不同的空间层次。在建筑布局上因地制宜，各组团之间以绿化相隔，使建筑屋顶轮廓线与山体山势相呼应，形成了一曲"唱和相应而和谐"的乐曲，见图 4-131、图 4-132。

图 4-129 太平庵建筑群与 800 年银杏树

图 4-130 寺庙古井照

图 4-131 龙湖建筑群（夏春亭摄）

图 4-132 夏园坡地建筑

规划设计与建筑设计充分结合现场现状，将多个水面连绵成片，使水面充分融合周边的山体，通过水面的衔接，绿水与青山两者之间互为因果，水中倒影错落有致相映成趣；在寺院放生池、龙王庙、龙湖建筑群的空间组织中，以中间水体为中心，周边布置连廊及附属用房，以高低错落的坡屋顶错落有致的布置在自然环境中，见图 4-133。

（4）发展文旅，将绿水青山变为金山银山

依托修复后的自然生态系统和地形地势，打造不同形态的文化旅游产品，促进绿水青山向金山银山的转化。一是打造宣传教育基地。依托长 21m、宽 171m 的矿坑，创新打造 360° 旋转行走式的室外演艺《神游传奇》秀，集中展现华夏五千年文明和民族精神，并依托矿坑建设了长 172m、宽 93m 的国家人民防空教育基地，依据山势建造了集中展示胶东民俗特色的夏园，推动了文化事业和文化产业发展。二是创新建设生态文明展馆。采用"新奇特"技术手段，将观展与体验相结合，建设 1.6 万 m² 的生态文明展馆，集中展现山东省威海华夏城的生态修复过程和成效，让游客身临其境感受沧海桑田的巨大变迁。

夏园雪景（李洪伟摄）

龙湖水岸建筑与湖面（夏春亭摄）　　　　　太平庵雪景（李洪伟摄）

图 4-133　建筑与水体自然相应

4. 取得成效

（1）生态环境改善

华夏城生态修复矿坑 44 个，建造水库 35 座，修建隧道 6 条，栽种各类树木 1189 万株。截至 2019 年，龙山区域的森林覆盖率由原来的 56% 提高到 95%，植被覆盖率由 65% 提高到 97%，成功地将矿坑废墟建设成为山清水秀的生态景区，恢复了区域内的自然生态系统，彻底改善了周边的生态环境和 15 万居民的生活环境。

（2）打造国家 5A 级旅游景区

结合矿坑地势打造不同业态的文化旅游产品，发展文旅产业，将生态恢复与旅游开发相结合，建成了集展示中华传统文化、海洋特色文化和胶东民俗文化于一体的大型生态文化旅游景区，实现绿色低碳循环可持续发展。华夏城景区先后入围"中国最具潜力的十大主题公园"，荣获"中国创意产业最佳园区奖"，并被评为"首批山东省文化产业示范园区""国家级文化产业示范基地""国家休闲渔业示范基地"，2017 年被评为国家 5A 级旅游景区。

（3）带动周边居民增收致富

华夏城文旅产业年收入达到 2.3 亿元，带动了周边地区人员的充分就

业和配套服务产业的繁荣，共新增酒店客房约 4170 间，新增餐饮等店铺约
2000 家，吸纳周边居民创业就业 1 万余人，吸纳周边就业居民 1000 余人，
人均年收入约 4 万元，周边 13 个村的村集体经济收入年均增长率达到了
14.8%。

4.3.3 "生态修复 + 文化旅游" —— 第十一届江苏省园艺博览会 博览园生态修复

  江苏省园艺博览会是由江苏省住房城乡建设厅牵头，全省设区市共同参
与，以"探索、创新、示范、引领"为办会宗旨的行业盛会，在全国具有广
泛的知名度和影响力。2021 年 4 月，第十一届江苏省园艺博览会（以下简
称"南京园博会"）在南京市举办，博览园位于拥有百年开采历史的汤山采
矿集聚区，由孔山矿等若干矿坑、废弃水泥厂和大面积泥潭组成。本届园博
会融合"花园、公园、乐园、家园"理念，突出生态修复、文化荟萃和功能
复合，以生态修复为基础，
通过构建多元文化场景和特
色文化载体，将生产与生态
有机结合，激发新活力，创
造高品质生活，带动了城乡
建设的绿色创新实践，促进
了南京东部区域生态高质量
发展，见图 4-134。

图 4-134 第十一届江苏省园艺博览会博览园

  1. 项目背景

  南京园博会博览园选址于南京市江宁区汤山北部采矿集聚区，占地面
积约 345hm^2，处于青龙山、黄龙山、宝华山生态廊道与绿道网络生态织补
的山水格局之中，是南京东部地区重要生态节点。长期的采石工程和工业
生产活动严重破坏了该区域生态环境，山体的轮廓被改变，青山被剖解，
留下了"伤痕累累"的采石场、深浅不一的矿坑和废弃的水泥厂。同时，
矿坑区域崖壁裸露、矿渣堆积、淤泥遍布，土壤条件差且存在重金属污染，
难以种植植物，是不折不扣的"生态疮疤"和"城市伤疤"，见图 4-135。

  2. 生态修复规划

  南京园博会主题为"锦绣江苏、生态慧谷"，博览园主要承担园博会开

图 4-135 南京园博会生态修复及建设前卫星影像

幕式、造园艺术展、园林园艺专题展及园事花事活动。

　　根据办会主题和主要承担内容，博览园旨在利用废弃采石宕口形成的独特地质地貌和中国水泥厂工业遗存，规划设计了崖畔花谷、时光艺谷、苏韵荟谷和云池梦谷四大功能板块，通过生态园林技术、绿色转型发展、多元文化融入，打造集园林园艺展示、休闲体验、度假康养和会展等功能于一体的精品园林与旅游目的地，也使之成为长三角"城市双修"的示范样本。同时，充分考虑后园博时代利用汤山国际旅游度假区的影响力，将阳山碑材景区纳入博览园统一规划，融合、拓展了原有传统景点，对周边各类资源进行了整合，完善汤山旅游配套设施，合力转型成为区域性的旅游服务新载体和一处高品质的旅游度假区。

　　3. 主要做法

　　（1）生态修复

　　以"绿色织补、微创修复"为理念，聚焦生态，打造城市双修样板。通过山体消险覆绿、矿坑深厚泥浆治理及再利用、海绵技术应用、土壤改良技术、山体林相改造等技术对现状崖壁、宕口、水体、土壤和植被进行生态修复，重构生态体系，丰富植物多样性。

图 4-136 博览园泥潭治理前后实景

（图片来源：左图自绘，右图江苏园博园建设开发有限公司）

①山体消险

长期的开采活动使得园区内山体极易出现牵引式滑坡、倾倒式崩塌灾害、山体变形及山体水土流失等危险隐患。通过地质勘探生成地质消险评估与建议。采用削坡减载+挂网喷播绿化、回填压脚+普通喷播绿化、坡脚修建挡墙、清坡+穴植苗木、坡面较大区静态爆破清理等手段，排除地质灾害隐患，美化裸露山体景观，防止水土流失，见图 4-136。

②矿坑深厚泥浆治理及再利用

博览园内城市展园南侧泥潭原为采石宕口，后因地铁施工废弃淤泥填充而形成。泥潭现状上部为 0~0.8m 深表层覆水，下部为 10~15m 流塑状淤泥，水质为地表水 V 类水质，主要为施工渣土、废弃泥浆，高压缩、强度低、触变性强，底部为强风化、中等风化灰岩。泥浆治理采用化学方法，在原位进行固化，同时结合边坡防护、泥水生态系统建设和柔性材料（如块石护岸、网格材料护岸）的运用，形成具有固岸护岸、污染拦截净化、生物生境、景观美化功能的水体生态景观，见图 4-137、图 4-138。

③土壤改良技术

根据博览园的建设要求以及植物生长需求，通过场地内基底土壤质量评价、现场土壤改良利用能力评估和园区绿化种植土需求量估算，科学开展种植土配方研发，同时根据工程总体施工计划进行种植土试生产、生产工艺调试和验收，为园区的景观营建提供相应的绿化种植土改良、生产监管等技术服务，提高植物成活率，保障园林植物中、长期保持良好生长势和景观效果。

④林相改造与森林抚育

以森林抚育为主，定向补植为辅，清理杂木、杂灌、杂草，伐除病、倒、枯死木，适当疏伐；适当施肥，加强病虫害防治，提高树木生长势；

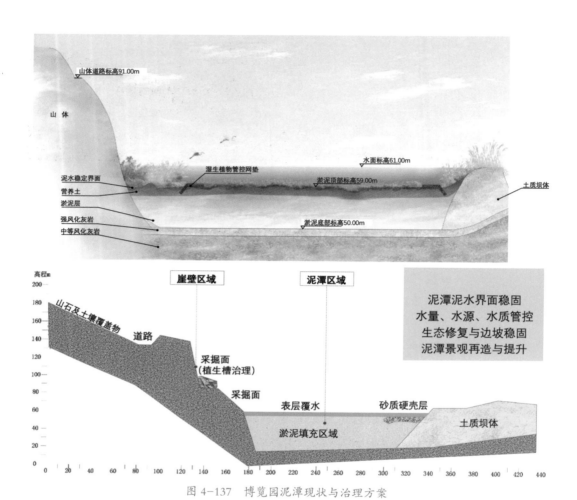

图 4-137 博览园泥潭现状与治理方案

图 4-138 博览园泥潭治理前后实景
（图片来源：江苏园博园建设开发有限公司）

补植以乌桕、榉树、红栎等为主的秋色叶树种，局部簇状补植晚樱、紫薇等，构建稳定的森林生态群落，形成稳定健康的山林生态系统。以自然山体景观为特色，充分考虑山林景观与园林景观的过渡衔接，构建季相色相特征分明的山林景观，营造人与动植物和谐共生的生态环境，实现乡土植物与园林园艺植物的复兴。

（2）功能活化

①工业遗存改造与利用

南京园博会主展馆项目用地原为银佳和昆元两个白水泥厂的厂房，总建筑面积 47500m²。设计保留了 42 个筒仓、3 座烟囱及 21 栋单体建筑，厂区建筑以混凝土结构为主，少量为砌筑和钢结构。通过实施工业遗存建筑的分级保护，加固建筑结构、丰富垂直交通、引入绿化设计，完成了现有建筑的更新改造，为后续利用打下了良好基础。通过植入复合功能，强化艺术性、文化性，提升了建筑空间的使用效能。保留了基本完整的水泥生产工艺流程，将水泥筒仓、厂房改造为独特的文创艺术空间，原石矿粉碎料仓改造成为南京先锋书店园博园筒仓店，原水泥厂房改造成为徕卡相机展览和零售店，呈现鲜明的创意文化特色，见图 4-139。

②矿坑崖壁的修复利用

南京园博会云池梦谷片区位于中国水泥厂重要采矿区，以长 1100m、宽 240m、高 140m 的巨型矿坑和裸露的崖壁为基底，在充分尊重工业历史原貌和生态修复的基础上，通过崖壁消险加固、植物织补修复、空间改造重塑、功能业态植入和文化主题展示等多重手段进行功能活化，打造一处集水下植物园、崖壁剧院和矿坑酒店为一体的山水相容、面向未来和具有人文内涵的云池梦谷，见图 4-140。

图 4-139 建成前后的"时光艺谷"片区

（图片来源：江苏园博园建设开发有限公司）

图 4-140　建成前后的"云池梦谷"片区
（图片来源：江苏园博园建设开发有限公司）

③工业元素提取与利用

现有水泥厂工业遗存产业链完整、产品种类丰富、规模较大、制作工艺精细，具有丰富的时代元素和工业印记，通过创意提取、升级改造部分工业设备、器材及遗存，形成

图 4-141　博览园内的旅游小火车
（图片来源：江苏园博园建设开发有限公司）

了富有特色雕塑小品与工业景观，如依托园区货运火车轨道，建成了观光小火车线路，见图 4-141。

（3）文化植入

南京园博会通过汲取江苏各地传统文化精粹，推动江苏园林园艺传承创新，在城市展园中体现了错落有致的江苏韵味和诗情画意的意境之美。整个展园依据各城市文化与造园艺术特色，分为宁镇、徐宿、江南、淮扬及沿海 5 个片区，每个区域包括 2~3 个精品园林，呈现汉代、六朝、宋代、明清等不同时期的造园风格，每一个展园都体现城市最具代表性、时代特征最显著的园林景观。同时，结合地形和现有条件，借用著名宋代的山水画"三远"原则，在平面上划分出不同高差的用地，集合十三个城市的地理人文特点进行布局，在竖向上形成不同层次的园林空间；并在功能上互为表里，景致上互为因借，形成地方园林与自然山水的相互融合，展现江苏园林文化地域特色和江苏园林的传承创新，见图 4-142。

图 4-142 南京园博会 "苏韵慧谷" 片区建成效果
（图片来源：江苏园博园建设开发有限公司）

（4）持续利用

为实现长效运营和可持续发展，园博会从一开始就将"永不落幕、永远盛开"的目标愿景放在首位，在深入分析长三角的市场需求、园区自身优势特点的基础上，积极探索多产业、多业态的融合，紧扣"多元、新奇、全时段、全年龄的南京山水城林旅游第三极的热点板块"定位，在园区内划定了艺术、文化、运动、度假 4 个功能区，策划商业业态 53 个，布局了餐饮零售、酒店会展、休闲娱乐三大经典旅游产业和文化展览、建筑设计两大新兴文化产业，引入了悦榕庄、万豪威斯汀、傲途格、丽笙精选、洲际英迪格等国际知名的精品酒店品牌，实现展会需求和后期运营的无缝衔接和资源的高效利用。

择优引进包括黑马漫画、可口可乐、赛梦·微缩世界、先锋书店、花厨、老舍茶馆在内的 48 个国内外知名业态。同时，与京东、华为、腾讯以及北京良业艾特合作，打造全国领先由人工智能主导的智慧景区系统、全域沉浸式夜游景区，用科技助推游客体验。另外，还从食住行游购娱等"六要素"出发，结合博览园规划建设引入商业夜市、旅游演艺、研学旅行、温泉文化、会展演出等元素，真正实现日夜盛开、四季盛开、永远盛开。

4. 实施成效

园博会始终坚持以传承文化、彰显特色、树立品牌、放大效益来保持其活力与生命力，发挥了以点带面的"蝴蝶效应"，博览园建设和造园艺术展不仅为承办城市留下了一座座精品公园，更为江苏省风景园林健康发展积累了丰富的实践经验，对城市园林绿化建设和人居环境改善产生了积极影响。

（1）提升城市空间品质

为营造博览园周边自然、协调的自然环境，园博会开园前同步完成了博览园周边湖山村、盛村、裴墅、葛巷、张家岗、孟塘等6个村的乡村环境整治以及七乡河、S122、S002等重要交通、水系环境提升工程。打造了东西绵延近10km的风景路，提升了七乡河沿岸景观，完善了周边村落的村道、市政管网、灌溉排水系统、配套停车和智慧农业等设施，新开通建设了阳山互通并优化改造了原汤山互通等区域交通设施，大大提升了城市空间品质和功能，见图4-143。

（2）推广绿色生活理念

博览园通过园林园艺为百姓创造了宜人的绿色生活空间，点亮了美丽家园，提高了生活品质。通过山谷花园的回归，重塑绿色家园、自然乐园，使食物、艺术、人文、自然在这里相遇，创造一个自然疗愈空间，将生活中美好的体验镶嵌进去。会展期间举办了丰富多彩的园事花事、园林摄影大赛等活动，其中园林园艺专题展览主要包括插花赏石盆景展、花卉艺术展、家庭园艺展等，展示了传统园林文化、现代园林艺术、先进造园技术与现代生活的创新融合模式，见图4-144。

（3）助力城市区域发展

南京园博会的承办产生的关联经济效应，发挥以"点"带动全域，触发了"蝴蝶效应"，不仅使与园林相关的花卉花艺、园林设备、造园材料等配套产业实现可观增长，而且在城市建设、环境保护和城市品牌塑造助力良多。依托园博会建设，南京市将该项目作为国土空间综合整治与生态修复相结合的试点项目，创新修复模式和配套政策，通过生态修复形成空间指标，将生态修复产生的林地、草地转换为新的建设空间，经省级验收确

图 4-143　博览园周边风景路实施效果

图 4-144　游客植物科普教育
（图片来源：江苏园博园建设开发有限公司）

认新增农用地与未利用土地约 155hm², 折合腾出同样面积的建设用地空间指标, 为属地政府调整建设用地空间布局, 促进经济发展, 产生巨大经济效益。

通过园博会的举办无缝对接周边区域、串联文旅资源点, 助力南京东部地区建设滨江休闲旅游带、度假康养旅游带、科创研学旅游带、美丽乡村旅游带四大休闲度假主题发展带, 形成差异互补的文化休闲旅游度假区。同时, 统筹建设古都文化、栖霞禅意、汤山温泉三大核心品牌, 系统提升南京东部地区形象识别度和文化影响力。通过举办一系列文化、经贸活动, 实现以园办会、以会兴业、以业富民, 有效带动了文化旅游业和现代服务业的发展, 为城市经济发展注入新的活力与动力。

4.3.4 "生态修复 + 特殊场地配套开发" —— 中广核湖南桃江邱家仑风电场生态修复

中广核湖南桃江邱家仑风电场生态修复工程, 紧紧围绕山体生态修复、水土保持和景观提升, 通过针对山体不同形式的破损坡面分类处理, 利用多项技术工艺、新材料以及仿自然生态修复法山体修复。在修复一年后, 山体滚石滑坡和水土流失现象得到了控制, 保证了山体周边人们的生命财产安全, 山体植被覆盖度达到损毁前的 95%, 并实现群落稳定和逐步自然演替, 因风电场施工被迫迁移的动物也逐渐回归, 利用场地风电资源形成了 "风车花海" 特色景观, 成为集生态、安全、景观为一体的现代化绿色能源山林, 见图 4-145。

1. 项目背景

风能为洁净能源, 具有环保、可再生和成本低等优点, 风力资源的应用已日趋成熟和规模化。但风电场建设过程中开挖、填埋、混凝土浇筑等作业

图 4-145 邱家仑风电场生态修复前后对比

图 4-146　邱家仑风电场生态修复前状况

频繁，造成大量的挖填边坡，弃渣堆场，造成山体结构受损、植被损毁、土壤结构改变和形成高陡溜渣坡等水土流失问题。邱家仑风电场建造过程中，新建和改造道路共计约 28.68km；建立 25 个风机安装场地，单个施工场地占地约 1680m²，共计约 4.2hm²；弃渣场总面积约为 3hm²；造成了大量的岩石裸露面和高陡溜渣边坡，见图 4-146。

2. 生态修复规划

（1）摸底评估

①重要的生态区位

邱家仑风电场位于湖南省桃江县南部邱家仑境内的山顶（脊）上，该区域属于雪峰山余脉向洞庭湖平原过渡的环湖丘岗地带，地势由西南的中低山区向东北过渡为洞庭湖滨湖平原。此区域气候温和，四季分明，热量充足，雨水充沛，自然资源丰富，为周边城乡提供了一个优良的生态康养胜地和自然资源宝库，并调节了周边气候环境，促进了洞庭平原的气候和生态的稳定性。

②损毁的山体现状

一是山体受损，存在安全隐患。风电场建设过程中，不可避免进行开挖、填埋、修路、混凝土浇筑等施工，在这些施工过程中产生了大量的挖填边坡，弃渣堆场，导致溜渣滚石，存在非常大的安全隐患。二是植被受损，生态功能下降。项目施工过程中，因填挖方使植被受损，导致生态功能下降，山体景观满目疮痍，动物被迫迁徙，生物多样性降低。三是表土结构破坏，地表径流增大，导致水土流失。邱家仑风电场的山顶（脊）地面高程为 400~760m，地形起伏较大，山体较为单薄。表土结构被破坏后，没有阻减地表径流的植被，当遇到大雨天气时，山体被雨水冲刷，易造成水土流失，山脚下居民的生命财产安全受到威胁。四是弃渣堆场，稳定性差，风险大。弃渣堆场是结构被扰动的土壤，稳定性差，风险系数高，且自我恢复难度大。

③壮观的"风车"景观

整个邱家仑风电场共有 25 个风机平台，每个风机平台占地约 1680m²，分布于山体的各个山脊处，25 台风力发电机屹立于山脊蜿蜒而上，极其壮观，见图 4-147。从生态、景观和后期管理维护的角度考虑，可选择风机平台作为花海景观的营造点。

（2）规划原则

①保护优先原则

邱家仑风电场在生态修复过程中，实行保护优先原则，最大限度维持山体各区域的生态面貌。在保护原有生态的前提下实施植被恢复，防止贸然改变山体结构或无序施工，造成二次伤害。

②科学生态原则

选用邱家仑风电场周边内常见的乡土植物，以植物种类的生态学特征与立地条件相适应为前提，进行乔、灌、藤、草科学配置，进行植被修复，使其与周边环境一致，能保证群落的相近性和稳定性。

图 4-147　邱家仑风电场"风车"景观

③经济实用原则

相较于城市园林绿化建设，山区风电场的生态修复，成本管控是非常重要的一环，为降低前期的施工建造成本和后期的养护管理成本，以及山区通过景观功能和生态功能，进行"引流"，在规划设计和修复时，重点考虑山体的稳固性、植被的统一性、山区的景观性和管理的经济性。减少山体后期的维护成本，并利用山区独特的景观，形成旅游观光资源。

（3）规划目标

根据邱家仑风电场的现状评估和规划原则，邱家仑生态修复项目确立了"生态优先、兼顾景观"的生态修复思路，规划目标为将邱家仑风电场打造成为自然、生态的"风车花海"。

基于邱家仑风电场的现场情况，在生态修复过程中，采用统一规划、分类实施的原则，将整个邱家仑风电场的生态修复区分为：一带两区多分项。一带为交通道路带，两区为风电机组区和弃渣场区，多分项为风机平台、石质边坡、土石边坡和溜渣边坡等。根据不同区域的生态损毁情况，进行不同形式的生态修复。

交通道路带是邱家仑风电场项目中面积最大、生态修复分项最复杂的修复区域，在新建和改造的约28.68km道路中，均采用路基宽5.5m，路面宽4.5m，路面结构采用3cm厚磨耗层+20cm厚泥结碎石路面。在道路修建过程中由于开挖、填埋、混凝土浇筑等施工，造成了大量的高陡岩石壁面、高陡溜渣边坡和土石坡面，导致出现严重的植被受损，造成水土流失。该区域生态修复时，按照不同的损毁地类型分项治理，达到水土保持和植被恢复的效果，见图4-148。

图4-148 交通道路带生态修复前状况

图 4-149　邱家仑风机平台生态修复前现场图

风电机组区包括风机平台区域和平台边坡区域，为方便分类修复，将风机平台单独修复。邱家仑风电场共有 25 个风机平台，见图 4-149，分别布置在山区的各个山顶位置，每个风机平台占地约 1680m²，总共占地面积约 4.20hm²。风机平台场地平整，土壤主要为土石结合类型，土质瘠薄、养分含量少，但结构相对稳定，在做生态修复的同时，增加草花种子形成花海，打造"风车花海"的景观。在花海中，须建立完善的生态群落，在后期草花退化的过程中，有其他的植物能达到覆盖度要求，并持续提供植物色彩和季相景观。

邱家仑风电场弃渣场区总面积约为 3hm²，弃渣堆场里包含山体土壤、碎石、植物枯枝等施工过程中产生的废弃土壤和材料。因此，弃渣堆场整体稳定性极差，易导致水土流失。且由于堆场内土质复杂，团粒结构差，难以自然覆绿，须采取乡土植物栽植和撒播，进行固土，防止水土流失。

3. 主要做法

（1）交通道路带边坡修复

①高陡溜渣边坡生态修复

邱家仑风电场在施工建设过程中造成大量的高陡溜渣边坡，不但导致水土流失和时常发生滚石，存在非常大的安全隐患，而且土壤结构被破坏，植被恢复难度极大。针对于这一情况，采用微地形生态处治措施，进行因势用策和因坡定案，借助边坡的原始缺陷，因势利导，减少成本，构建排水、垄作、回填客土高差等地形措施。在土壤极为瘠薄和砂石量大的区域，使用柔性生态水肥仓整体技术和构建边坡肥力岛，并在部分区域种植利用柔土固结纤维预培的乔灌木，以点状分布式建立重点生态修复区，在重点恢复区精细规划，达到以点带面，长期自然式覆绿的效果。同时，利用适合当地环境和耐贫瘠乡土植物作为生态修复植被，采用栽植和撒播相结合，根据植物生长形态和生态位，科学建立稳定的植物群落，见图 4-150。在边坡相对平整，施工较为方便的区域，除了栽植乔灌和撒播乡土植物外，增撒草花种子，增加山区内的景观性。

②岩石壁面生态修复

道路带的岩石壁面，由于坡度极陡，不适宜壁面栽植，利用岩面坡柔性生态水肥仓加双网植被恢复技术进行生态修复，一是保证客土喷播时，土壤基材能与岩面紧密贴合；二是确保植被恢复过程中不同时段能具有支撑植物生长的肥力；三是利用当地乡土植物和周边植物群落，进行植物配置，促进植物乔、灌、草不同形态不同层次的生长，保证群落的稳定性和后期演替；四是减少客土量，节约成本，见图 4-151。

③路肩生态修复

路肩的稳定性不但是整体道路稳定的重要部分，同时也是边坡稳定性的重要组成部分，邱家仓风电场的路肩生态修复，以生态和景观相结合，利用深根系乔灌木和乡土植物保证道路稳定的同时，加入草花种子，提升道路沿线的可观赏性，见图 4-152。

图 4-150　邱家仓风电场边坡施工前后对比

喷播前　　　　　　　　　喷播后　　　　　　　　　喷播后 3 个月

图 4-151　岩石壁面生态修复

图 4-152 路肩生态修复效果

图 4-153 部分风机平台花海景观

（2）风机平台生态修复

邱家仑风机平台土壤结构相对完整，场地也通过机械推平，地形平整，但土壤主要为土石结合类型，土质瘠薄、养分含量少，在生态修复过程中，进行土壤改良。改土时，除施入各类药肥菌剂外，加入柔性生物水肥仓，提高土壤的保水、保肥和透气性，促进植物的根系生长和后期的养分补给。风机平台选用栽植和撒播相结合，在不破坏乡土植物群落结构的前提下，加入草花种子，形成"风车花海"景观，见图 4-153。

（3）弃渣场生态修复

根据弃渣场堆场内土质复杂、团粒结构差、水土流失严重等特点，利用微生物菌剂、有机肥和固体缓释肥进行改土（表 4-6），并加入柔性生物水肥仓材料和使用柔性生态水肥仓技术，为用于修复的植被提供足够的肥力。植被选择深根性乔灌木和耐贫瘠且固土能力强的乡土植物（表 4-7）。

4. 取得成效

（1）植被恢复

通过植被覆盖率测算，被修复区域在实施 3 个月后，植物覆盖率达 86%，施工一年后，草本逐渐退化乔灌木群落覆盖率达到 90% 以上，常绿

邱家仑风电场生态修复土壤改良材料一览表 表4-6

序号	材料	用量（g/m²）
1	智能水分载体基材 A	20
2	智能水分载体基材 B	30
3	团粒缓释型土壤结构助材	200
4	缓释型长效调理剂	200
5	微管渗透剂	20
6	团粒结构促进剂	50
7	复合生物菌肥	30
8	植物菌根剂	10
9	柔性土壤固化稳定剂	50

邱家仑风电场生态修复植物品种一览表 表4-7

序号	品种	应用方式	备注
1	杉木	栽植	柔土固结纤维预培
2	马尾松	栽植	柔土固结纤维预培
3	构树	栽植 + 撒播	/
4	毛竹	栽植	/
5	麻栎	栽植 + 撒播	柔土固结纤维预培
6	刺槐	栽植 + 撒播	/
7	黄花槐	撒播	/
8	紫穗槐	撒播	/
9	胡枝子	撒播	/
10	多花木蓝	撒播	/
11	牡荆	撒播	/
12	苎麻	撒播	/
13	狗牙根	撒播	/
14	芒	撒播	/
15	大花金鸡菊	撒播	/
16	波斯菊	撒播	/

植被覆盖率

表 4-8

观测日期	总覆盖率 /%	乔木 /%	灌木 /%	草本 /%
修复后 1 个月	32	8	12	12
修复后 3 个月	86	15	28	43
修复后半年	92	18	45	29
修复后 1 年	95	22	70	3

图 4-154 邱家仓风电场花海景观

乔灌木达到 35%。顶层的杉木、马尾松和麻栎，中层的黄花槐、紫穗槐、胡枝子和牡荆，底层的苎麻、狗牙根和大花金鸡菊等植物，形成稳定的自然群落和层次，植物生长稳定，能达到自然演替（表 4-8）。

（2）水土保持

通过整理边坡浮石、微地形改良、栽植深根性乔灌木和撒播适合当地生长的水土保持型乡土植物，发挥植被涵养水源和根系固坡功能，有效减少了边坡径流，使水土流失现象得到了控制。

（3）景观提升

在不影响植物生态位和群落结构的情况下，适当增加草花种子，在部分区域形成了花海，打造了"风车花海"景观，使游客量得到大幅度提升，在花海逐渐退化后，多年生草本植物和乔灌木会形成稳定的生态群落，自然演替。黄花槐、大花金鸡菊等植物，会持续为山区景观增色，见图 4-154。

第 5 章

探索与展望

中国经济已经由高速增长进入高质量发展新阶段，推动高质量发展、创造高品质生活、实现高效能治理是新的时代使命，也是城市发展的内在需求。习近平总书记提出的"公园城市"理念，作为城市高质量发展新范式，着力于探索绿色、低碳、循环、高质量可持续发展新模式，在中国乃至全球具有重要战略意义。

城市高质量可持续发展的终极目标就是人、城、自然生态（生态园林）三元和谐互动与平衡，即生态美好、生活幸福、生产高效；不仅追求经济增长速度，更加注重质量和效益；不仅关注社会经济发展水平，更加注重老百姓的获得感、幸福感和安全感；不仅要坚持以人为本，更加强调生态价值的体现和自然生态资源的合理承载，强调人的需求满足要基于自然，要坚守底线。良好的生态环境是实现经济社会永续发展的前提，在生态文明建设和城乡融合发展背景下，生态修复不仅要遏制自然生态空间被过度挤压、土地沙化、退化及水土流失、水资源短缺、城乡人居环境污染、生物多样性减少等，恢复、提升生态系统功能，而且要变废为宝，通过修复增加土地供给，丰富生态产品，保护和提升生物多样性，是推动城乡高质量发展的必由之路和重要建设内容，也是深化生态文明建设，保障城市生态安全的必然要求。

5.1　机遇与挑战并存

5.1.1　全面深入推进城市生态修复是贯彻落实国家大政方针之所需

改革开放 40 多年来，中国城市经历了历史上最大规模、最快速度的城镇化进程，城市建设取得了巨大成就。但伴随而来的是越来越严重的生态环境问题，越来越突出的"城市病"。因此，全面系统深入推进城市生态修复是转变城市发展方式，转变市民生活方式，转变城市治理方式的必由之路，也是贯彻落实党中央国务院大政方针之所需。

党的十八大以来，党中央明确提出城市建设要以人为本、以自然为美，把好山好水好风光融入城市，大力开展生态修复，营造自然生态，让城市再现绿水青山。2013 年习近平总书记指出："要保护自然山水格局，促进城市与自然融合……让居民望得见山、看得见水、记得住乡愁"。2017 年 3 月，住房和城乡建设部印发《关于加强生态修复城市修补工作的指导意见》（建规〔2017〕59 号）明确：开展生态修复是治理"城市病"，改善人居环境的重要行动，是推动供给侧结构性改革，补足城市短板的客观需要，是城市转变发展方式的重要标志。

党的十九大明确提出要着力解决环境问题，加大生态系统保护力度，实施重要生态系统保护和修复重大工程，并且在城市生态修复、国土治理、河湖与湿地保护、海洋生态保护与修复等领域出台了一系列政策文件，已形成全国上下全面推动、系统推进之大势。2019 年国家发改委、工业和信息化部、生态环境部等七部委联合发布《绿色产业指导目录（2019年版）》，将生态保护、生态修复、海绵城市、园林绿化等纳入绿色产业范畴。2020 年《中华人民共和国国民经济和社会发展第十四个五年规划和2035 年远景目标纲要》提出要全面提升城市品质，推进新型城市建设，顺应城市发展新理念新趋势，推进生态修复和功能完善工程。2021 年国务院《关于印发 2030 年前碳达峰行动方案的通知》（国发〔2021〕23 号）明确提出要提升生态系统碳汇能力。实施生态保护修复重大工程。2021 年中共中央 国务院印发《黄河流域生态保护和高质量发展规划纲要》提出"立足于全流域和生态系统的整体性，坚持共同抓好大保护，协同推进大治理，统筹谋划上中下游、干流支流、左右两岸的保护和治理，统筹推进堤防建设、河道整治、滩区治理、生态修复等重大工程，统筹水资源分配利用与产业布局、城市建设等"等系列要求。2021 年中共中央 国务院《关于深入打好污染防治攻坚战的意见》明确提出"实施重要生态系统保护和修复重大工程、山水林田湖草沙一体化保护和修复工程。科学推进荒漠化、石漠化、水土流失综合治理和历史遗留矿山生态修复，开展大规模国土绿化行动，实施河口、海湾、滨海湿地、典型海洋生态系统保护修复。推行草原森林河流湖泊休养生息，加强黑土地保护，推进城市生态修复，加强生态保护修复监督评估。" 2022 年中共中央 国务院《关于做好 2022 年全面推进乡村振兴重点工作的意见》提出要实施生态保护修复重大工程，复苏河湖生态环境。

5.1.2 多要素融合的城市生态修复势在必行

多要素融合的城市生态修复是公园城市建设的主要内容，对于城市高质量的发展具有不可替代作用。主要表现在：

1. 发挥生态资源保障功能，为高质量发展提供物质基础和生产要素。城市生态资源非常有限，通过生态修复提升生态系统功能，提供优质的土地、水、生物等资源，实现生态资源的永续利用，为城市高质量发展提供良好的自然环境条件和生产要素支撑。

2. 改善生态环境质量和人居环境，丰富生态产品供给。"良好生态环境是最公平的公共产品，是最普惠的民生福祉。"生态修复可以解决环境污染和生态破坏问题，缓解城市生态环境压力，体现以文化人的人文价值和诗意栖居的美学价值，提高人民群众的获得感和幸福感。

3. 发挥生态的财富增值功能，促进城市产业转型升级。"两山"理论为生态产品价值的转化提供了新思路，通过"价值化"和"市场化"将修复后的生态资源转化为生态产品，进而实现生态资源向生态资产的价值转化。

4. 增强城市安全韧性，提高城市综合实力和环境品质。通过生态修复防治城市地质安全，体现低影响开发理念，减缓雨洪灾害，提高城市安全韧性；传承历史文脉，营造良好的城市特色风貌，补齐城市基础设施短板，解决人口就业，推动形成绿色低碳生活方式，提升城市综合实力和品质。

5.1.3　城市生态修复面临诸多挑战

随着社会经济快速发展和生活水平的不断提升，城乡高质量发展对生态环境提出更高目标更高要求和更多元化生态产品供给，城市生态修复也面临着更多挑战：

1. 复杂性综合性越来越高，要突出系统性、体系化和智能化，并绿色低碳高效

一方面城市生态系统是受人与自然互动影响，较自然生态系统更为复杂、更为脆弱的生态系统，其受损原因复杂且具有多样性；另一方面城市生态修复已经不能只关注单一生境、单一生态要素的修复，越来越需要关注国土空间全要素的综合性保护与修复，且修复目标不仅限于生态空间、生态要素的恢复重建，更要关注生态系统功能的完善提升、生态产品供给的多样化以及生态价值的高效转化，以满足老百姓的多维需求和城市绿色低碳发展需要。因此，城市生态修复规划要以终为始，围绕修复后的安全高效再利用突出系统性，关注多要素、多时空组合的生命共同体，统筹考虑山体、水体、废弃地和城市绿地系统四大类生态修复，并统一到国土空间"一张图"上综合策划、一体化实施；修复与监测评估技术上要构建多层级多类别全覆盖的相关的标准体系和关键技术体系，并在生态修复工程项目实施和运营管理方面以"双碳"为目标指引实现数字化智能化。

2. 技术要求越来越高、技术难度越来越大，要求更加专业化、精细化和集成创新

城市生态修复总体上包括山体、水体、废弃地和绿地系统修复四大类，但在工作层级上包括城市层面的顶层设计、工程项目层面的修复实施以及修复后的再利用与长期运行维护管理，而且专业领域上越来越细分。如水环境修复治理包括河流、湖泊、坑塘、海洋、湿地等，内容上又细分有水环境修复、水质净化、水生态功能修复、水生生物多样性保护与应用，水景观营造等，相关工程项目包括有黑臭水体治理、生态驳岸、海绵城市项目、人工湿地建设、水生植物配植等。

中国历史上有很多富有生态智慧的工程，如大运河、都江堰、灵渠、坎儿井、塞罕坝、西吉固原等，都给予新时代城市生态修复以启示。从农耕文明到工业文明，再到生态文明，伴随着文明形态的升级进化，生态智慧也经历了一个从"自然智慧→传统生态智慧→新生态智慧"的演变进程，由此促进现代生态科学技术、生态工程技术和环境工程材料越来越专业化、精细化，同时需要集成创新以应对大型、综合、复杂的生态修复工程项目需要，需要传统生态智慧与现代生态科学技术的有机结合。如，低成本植生基材研发。在石矿迹地生态修复与重建中，基材是植物、土壤微生物与土壤动物生长、繁衍的基础，同时也是矿区生态修复成本控制的关键要素，因此，矿区生态修复用基材的物理、化学、力学特性与植物生长适宜性的协同耦合调控机制需要研究；以固体废弃物（尾矿、污泥、粉煤灰、糠醛渣、秸秆等）为主要原材料的低成本植生基材产品急需研发与测试；基材在冻融、干湿循环、强降雨及连续降雨等外界条件下的耐久性、抗冲刷性、内部微结构的变化以及水分、养分的运移及流失规律需要模拟测定；基材保肥能力及其持久性等都需要深入、系统研究。又如，融合 5G 技术的节水适时灌溉养护技术研究。灌溉养护是保持石矿迹地（尤其是边坡工程）生态修复效果的关键技术环节，是体现矿区生态修复成果的重要指标。当前的灌溉养护技术仍存在模式传统落后，水肥损耗大资源浪费多，管理效率低效果差等问题。5G 技术强化和深度融合了物联网、大数据、人工智能等技术，有力推动了各行业的转型升级和智能化发展。根据实时智能监测获取不同修复区域植生基材及土壤含水量、pH 值、肥力状态、根系长势、空气湿度及其动态变化规律等，将 5G 技术用于矿区修复后的灌溉养护管理中，可显著提高施肥灌溉等养护管理的精准性、时效性和区域协同性，对于提升矿区生态修复工程质量和固碳减排效能都是具有突出意义。

3. 参与主体越来越多元化，更需要多专业、多领域、多部门的协同合作

城市生态修复是一个涉及多要素、多空间、多目标的复杂动态过程，从生态本底调查与评估到顶层规划、修复方案制定、生态安全格局构建及生态修复工程项目的时序安排、工程项目实施全过程管理到修复后安全再利用及其动态评估监测，是受多因素影响的长期性连续性系统性工作，参与主体既涉及城市政府层面包括国土规划、自然资源、城市建设、生态环保等诸多相关部门，又涉及工程项目实施、运维管理、监测评价等相关机构与企事业单位，还涉及银行、信贷等资金保障机构等。就技术而言，涉及生态监测、生态评估、地质安全隐患消除、土壤修复、水体净化、岸线与边坡修复、湿地修复、植被群落重建、场地安全再利用、立体绿化、景观营造、信息化平台建设等方面。因此，随着老百姓需求越来越高、越来越多元化，在高质量发展背景下，城市生态修复迫切需要政府主导、多部门多专业多学科统筹融合、协同发力，最终实现受损山体、水体、废弃地、植被群落等高效、低碳修复，并优化城市绿地系统等生态空间布局，实现生态系统功能完善提升，促进生态价值转化，生态产品供给多样化。

4. 产业链条越来越长，需要全生命周期的技术闭环和动态管理

随着信息化时代到来，城市生态修复必然从传统模式转变到互联网融合模式，需要"目标导向＋问题导向＋可实施导向"相结合，形成"摸底评估－空间识别－生态修复专项规划－分类生态修复实施－修复成效评价"全生命周期的技术闭环，且与之相适应的生态修复产业链条必然越来越长，从最基本的摸底评估到策划、规划、项目库梳理、工程项目建设到修复后安全再利用、多样化产品供给，再到运行维护与服务。故此，实施"安全隐患防治－地形地貌重塑与土壤重构－植被恢复与群落构建－景观提升等安全再利用－运营维护＋监测评估"，全过程实时动态管理也是必然趋势。因此，城市政府需要打造一个生态修复综合管理平台，对内是一个合作协同的生态闭环，对外则具有开放统一的接口和品牌、服务输出功能，既能引导资源的有效流动，又能聚集人才、信息、技术、产品等，促进互动交流与合作，促进相关产业规模效应提升。

5. 政策引导、技术支撑、人才培养和资金保障缺一不可

随着老百姓需求的不断提升和投资人期望值的提高，城市生态修复对政府的管理要求也越来越高，既需要政府主导建立生态修复治理的长效机制，又需要研究出台各类相关政策予以规范引导，包括项目管理、投融资模式、修复场地安全再利用模式及其运行管理，综合管理平台的建设及运行管理等；同时，对于各类城市生态修复工程项目的实施则需要相关标准规范、关键技术、新产品新材料等支撑，并有科学有效的动态监测技术手段、评估方法等保障修复后的持续效果和安全再利用，如集成3S技术、大数据、云平台等多样化的生态监测与预测技术可以支撑修复后的生态系统及生态要素等的长期动态监测管理，实现预警、反向技术指引等功能。但是，我国正处在工业化、信息化、城镇化、农业现代化快速推进时期，发达国家一两百年逐渐出现和解决的环境问题在我国集中显现，一方面是全国上下对生态修复重要性紧迫性的认识日益提高，另一方面各级城市对生态修复治理的需求呈井喷式增长，相关技术与管理人才严重不足，需要加强相关专业人才培养、引进，加大相关技能与管理培训教育。当然，资金是保障各类城市生态修复项目实施、长期运行维护的基本保障，需要在政府财政资金发挥四两拨千斤的基础上建立多渠道投融资模式。

5.2 未来可期

2018 年 2 月，习近平总书记在四川视察期间，期许成都"加快建设全面体现新发展理念的城市"，要求成都"要突出公园城市特点，把生态价值考虑进去"，将城市人与自然和谐的探索和实践推向新阶段。2022 年《国家发展改革委 自然资源部 住房和城乡建设部关于印发成都建设践行新发展理念的公园城市示范区总体方案》（发改规划〔2022〕332 号）明确要求成都市"坚持以人民为中心，统筹发展和安全，将绿水青山就是金山银山理念贯穿城市发展全过程，充分彰显生态产品价值，推动生态文明与经济社会发展相得益彰，促进城市风貌与公园形态交织相融，着力厚植绿色生态本底，塑造公园城市优美形态，着力创造宜居美好生活，增进公园城市民生福祉，着力营造宜业优良环境，激发公园城市经济活力，着力健全现代治理体系、增强公园城市治理效能，实现高质量发展，高品质生活、高效能治理相结合，打造山水人城和谐相融的公园城市。"至此，公园城市建设的号角已全面吹响，各地都在积极探索如何充分发挥公园城市建设示范引领作用，通过生态修复恢复绿水青山，并结合公园城市建设实践，探索研究更多让绿水青山变成金山银山的"生态修复 +"模式，着力于破解日益突出的人地矛盾，建设完善城市生态基础设施、有效增加美好共享生态空间，满足人民对美好生活和优美生态环境日益增长的需求；修复破碎生态空间、提高生态空间连接度，完善并提升城市生态系统功能；进一步探索并推广应用"生态修复 +"模式，加快促进生态资源价值转化，促进城市绿色高质量发展；系统研究城市生态修复固碳减排的有效路径与技术方法，助力"双碳"目标实现。

总之，生态修复的初衷是改善城市环境、解决城市病症，让城市更自然、更生态、更有特色，满足人民日益增长的美好生活和优美生态环境需要，把城市建设成为"望者忘餐、行者忘倦、旅者忘归、居者忘老"、宜居宜业宜学宜养宜游的美丽家园，让整个城市就像"大花园一样"。建设美丽宜居公园城市，城市生态修复是必由之路也将大有可为。

参考文献

[1] 吴良镛 . 山地人居环境浅议 [J]. 西部人居环境学刊，2014，29（4）：1-3

[2] 徐艳，王璐，樊嘉琦，秦佳星 . 采煤塌陷区生态修复技术研究进展 [J]. 中国农业大学学报，2020，25（07）：80-90.

[3] 杨娟娟 . 关于采煤塌陷对生态环境的影响及修复技术研究 [J]. 内蒙古煤炭经济，2021（12）：35-36.

[4] 孙法印，王吉业 . 生态文明视角下采煤沉陷地的生态修复策略研究 [J]. 枣庄学院学报，2020，37（05）：98-104.

[5] 郑波，戈树兵 . 采煤塌陷地综合整治规划初探——以徐州为例 [J]. 科风，2012（06）：161.

[6] 赵艳 . 采煤塌陷地综合治理的徐州经验 [J]. 群众，2018（02）：52-53.

[7] 陈丽丽 . 采煤塌陷区生态环境评价及治理对策研究 [D]. 南京：南京大学，2016.

[8] 万锦玉，孙璐，陈艳杰，闫磊，宋团团，花常耘 . 基于"蝴蝶效应"推动采煤塌陷区生态治理转型升级——以徐州市解忧湖为例 [J]. 内蒙古煤炭经济，2021（12）：53-54.

[9] 常江，陈晓璐 . 采煤塌陷区生态修复规划中的景观策略与方法——以青山泉镇塌陷地生态修复规划为例 [J]. 规划师，2010，26（12）：59-63.

[10] 宋成君 . 徐州市青山泉镇采煤塌陷地综合治理研究 [D]. 北京：中国农业科学院，2011.

[11] 邓晓梅 . 古冶区典型采煤塌陷地复垦设计研究 [D]. 泰安：山东农业大学，2012.

[12] 李雪，杨俊杰 . 工业污染场地修复技术、现状及展望 [J]. 河南科技，2019（16）：147-149.

[13] 杨国权，华素兰 . 采煤塌陷地复垦与构造水域生态系统建设——以徐州市贾汪区煤矿为例 [J]. 中国资源综合利用，2008（05）：18-20.

[14] 段海燕 . 康达集团土壤生态修复的战略研究 [D]. 成都：电子科技大学，2015.

[15] 曹婷婷，李娟 . 污染场地修复技术研究进展 [J]. 环境与发展，2019，31（12）：45-46.

[16] 马新月 . 重庆市工业场地污染特性及污染场地可持续修复模式研究 [D]. 重庆：重庆大学，2019.

[17] 尹飞 . 基于可持续修复理念的场地污染治理效果评估方法研究 [D]. 哈尔滨：哈尔滨工业大学，2021.

[18] 陆英，肖满，万鹏，明中远，燕虞迪 . 广东某工业场地重金属污染土壤稳定化修复工程案例 [J]. 环境生态学，2019，1（06）：50-56.

[19] 杜志会，黄正玉，李戎杰 . 工矿企业污染场地修复工程案例分析 [J]. 绿色科技，2017（20）：48-54.

[20] 杨勇，黄海 . 北京某焦化企业场地污染修复案例简析 [J]. 世界环境，2016（04）：65.

[21] 卜朦朦 . 基于 GIS 的采空塌陷区稳定性及地质灾害风险评价 [D]. 徐州：中国矿业大学，2020.

[22] 沛县地方志办公室 . 沛县年鉴 [M]. 南京：江苏人民出版社，2020.

[23] 福州市政协文化文史和学习委员会 . 福州城区内河水系综合治理的集体记忆 [M]. 福州：福建美术出版社，2020.

[24] 王文奎 . 福州城市河流的多样性及其近自然化景观策略 [J]. 中国园林，2016，32（10）：54-59.

致　谢

支持单位及个人：

徐州市徐派园林研究院

芷兰生态环境建设有限公司：向华浩、龚路、徐青龙、江良、沈邵红、张林、王辉

易草（北京）生态环境有限公司：温刘君、王玲、韩乐萌

中国城市规划设计研究院

北京林业大学：王向荣

河南农大风景园林规划设计院

福州市规划设计研究院集团有限公司：马奕芳、王曲荷

武汉城市建设集团有限公司

武汉旅游体育集团有限公司：董冲

威海职业技术学院建筑系

江苏省规划设计集团有限公司：孟静

湖南农业大学

沛县自然资源和规划局：于保明

安国湖国家湿地公园管理中心：魏恒乾

徐州市林业资源管理技术中心：王朋、魏齐

南宁园博园管理中心：骆丽莉

驻马店市园林绿化中心：汪卫东、闫志勇、牛弯弯

广州市海珠湿地科研宣传教育中心：林志斌、谢惠强

武汉市园林建筑规划设计研究院有限公司：杨念东

福州市园林中心：陈凡

重庆两江新区城市管理局：易吉林

重庆两江新区市政园林水利管护中心：余志勇、饶毅

鹤壁市城市管理局：吴福生、郭运成、翁庆华

鹤壁市生态园林绿化中心：肖慧、侯书举、宋利伟、陈欣欣

山东东鲁建筑设计研究院：于国铭

图书在版编目（CIP）数据

公园城市指引的多要素协同城市生态修复 / 田永英，
孙艳芝主编 . —北京：中国城市出版社，2023.8
（新时代公园城市建设探索与实践系列丛书）
ISBN 978-7-5074-3623-5

Ⅰ . ①公… Ⅱ . ①田… ②孙… Ⅲ . ①生态城市—城
市建设—研究—中国 Ⅳ . ① X321.2

中国国家版本馆 CIP 数据核字（2023）第 130599 号

丛书策划：李 杰 王香春
责任编辑：李 慧 李 杰
书籍设计：张悟静
责任校对：党 蕾
校对整理：董 楠

新时代公园城市建设探索与实践系列丛书
公园城市指引的多要素协同城市生态修复
田永英 孙艳芝 主编
＊
中国城市出版社出版、发行（北京海淀三里河路 9 号）
各地新华书店、建筑书店经销
北京雅盈中佳图文设计公司制版
建工社（河北）印刷有限公司印刷
＊
开本：787 毫米 ×1092 毫米 1/16 印张：14 字数：237 千字
2023 年 12 月第一版 2023 年 12 月第一次印刷
定价：145.00 元
ISBN 978-7-5074-3623-5
（904613）